应用材料模拟技术

牛雪莲　刘昌凤 ◎ 著

化学工业出版社

·北京·

内容简介

本书详细介绍了材料模拟技术的基本原理、数值方法、软件工具，详细介绍从原子到宏观尺度的模拟方法及 VASP、Materials Studio 等多种软件，并深入探讨功能材料、高分子材料、建筑材料等领域的模拟应用，展示实际案例，并展望了多尺度计算融合、人工智能应用等未来发展方向。本书注重理论与实践结合，既有基础理论讲解，又有丰富的应用实例，推动从传统"试错法"向精准计算设计转变。

本书适合材料科学研究者、工程师及相关专业学生阅读，可作为其学习材料模拟技术、开展科研工作和工程实践的参考书籍。

图书在版编目（CIP）数据

应用材料模拟技术 / 牛雪莲，刘昌凤著. -- 北京：化学工业出版社，2025. 10. -- ISBN 978-7-122-48722-3

Ⅰ. TB3

中国国家版本馆 CIP 数据核字第 2025D4S605 号

责任编辑：毕仕林　刘　军
责任校对：宋　玮
装帧设计：王晓宇

出版发行：化学工业出版社
　　　　　（北京市东城区青年湖南街 13 号　邮政编码 100011）
印　　装：北京建宏印刷有限公司
710mm×1000mm　1/16　印张 8¼　字数 146 千字
2025 年 10 月北京第 1 版第 1 次印刷

购书咨询：010-64518888　　　　　售后服务：010-64518899
网　　址：http://www.cip.com.cn
凡购买本书，如有缺损质量问题，本社销售中心负责调换。

定　　价：98.00 元　　　　　　　　　版权所有　违者必究

前言

　　材料科学的发展始终与人类文明的进步息息相关，从石器时代到信息时代，每一次材料的革新都推动着社会生产力的跨越式发展。在当下"新工科"建设与"双碳"目标的时代背景下，材料科学正朝着智能化、绿色化、功能化方向深度演进，传统实验研究已难以满足新材料研发的效率需求与理论深度要求。在此背景下，材料模拟技术凭借其在原子尺度机制解析、宏观性能预测及多尺度耦合分析等方面的独特优势，成为连接材料理论设计与工程应用的关键桥梁。本书的撰写，旨在系统梳理材料模拟的核心理论、主流方法及典型应用，为材料学科研究者与工程技术人员提供兼具学术深度与实践价值的专业参考。

　　进入 21 世纪以来，材料模拟技术在第一性原理、分子动力学、有限元分析等方法的推动下，已从辅助研究手段发展为独立的学科分支。无论是能源材料领域的氢能存储机制探索，还是建筑材料领域的混凝土耐久性优化，材料模拟均展现出精准预测与机理解析的双重价值。然而，当前国内相关著作或侧重理论推导而缺乏工程案例，或聚焦单一软件应用而忽视方法体系构建，难以满足多学科交叉背景下的研究需求。基于此，本书以"理论-方法-软件-应用"为主线，既整合材料模拟的基础理论框架，又结合大连海洋大学在海洋工程材料、能源材料等领域的研究积累，力求填补这一空白，为材料模拟技术的普及与创新提供系统性支撑。

　　本书共设 7 章，构建了"基础理论-数值方法-软件工具-材料应用-未来趋势"的完整体系：第 1 章绪论梳理材料模拟的学科脉络与发展历程；第 2 章系统阐释第一性原理计算、分子动力学、蒙特卡罗及有限元等核心数值方法的原理与适用场景，为读者奠定理论基础；第 3 章聚焦 VASP、Materials Studio、Gaussian、ANSYS、ABAQUS 等主流模拟软件，从理论基础、应用领域、操作流程到技术优势进行深度解析，兼具技术手册的实用性与学术著作的严谨性；第 4 章至第 6 章分别针对功能材料（氢能、磁性、极端环境材料）、高分子材料（橡胶、塑料）、建筑材料（混凝土、钢材），结合大连海洋大学在海洋工程中的研究实践，通过具体模拟案例展示技术落地路径；第 7 章基于当前技术瓶颈与学科前沿，从多尺度耦合、人工智能融合、绿色模拟等方向展望材料模拟的发展蓝图，为研究者提供创新思路。

本书适用于材料科学与工程、化学工程、土木工程、海洋工程等专业的高年级本科生、研究生及科研工作者，亦可供从事新材料研发的企业技术人员参考。对于初学者，建议按"绪论—数值方法—软件工具"的顺序循序渐进，重点掌握各类方法的适用边界；对于有一定基础的研究者，可直接从第 4 章开始，结合自身研究领域（如氢能存储、混凝土耐久性）查阅对应模拟案例；工程技术人员则可重点关注第 3 章的软件操作与第 6 章、第 7 章的应用实践，将模拟技术与实际工程问题结合。

本书由大连海洋大学海洋科技与环境学院牛雪莲和海洋与土木工程学院刘昌凤老师共同编写。特别感谢大连海洋大学海洋与土木工程学院陈昌平教授对本书的指导与支持。陈昌平教授在材料模拟技术与海洋工程交叉领域的学术洞见，为本书的框架设计与内容深度提供了重要启发；其在建筑材料模拟方向的研究成果，亦被有机融入相关章节，提升了本书的工程实践价值。

本书的编写还得到了大连海洋大学学科建设项目的支持，以及多名学生在文献整理、案例验证方面的协助。由于材料模拟技术发展迅速，书中难免存在疏漏之处，恳请读者批评指正，以便后续修订完善。

著者

2025 年 5 月

目录

第1章
绪 论

在当今快速发展的科学技术领域，材料科学作为推动科技进步和工业创新的关键力量，正经历着前所未有的变革。随着计算机科学与技术的飞速进步，应用材料的模拟技术已经成为材料科学研究的重要工具，为材料的设计、性能预测与优化提供了全新的视角和方法。

材料模拟技术作为现代材料科学研究的重要方法，已经发展成为连接理论计算与实验研究的桥梁。这项技术通过建立数学模型和计算方法，在计算机上重现材料的微观结构和宏观性能，为材料设计和性能优化提供了全新的研究范式。从原子尺度的量子力学计算到宏观尺度的连续介质模拟，材料模拟技术已经构建起一套完整的跨尺度研究方法体系，实现了从微观机理到宏观性能的系统性研究。材料模拟技术的核心在于通过计算机建模来模拟和预测材料的各种性质和行为。这种方法基于物理学、化学和数学的基本原理，结合现代计算技术，能够在不同时间和空间尺度上对材料进行深入研究。与传统实验方法相比，材料模拟具有成本低、周期短、可重复性强等优势，更重要的是能够揭示实验难以观测的微观机制，为理解材料的结构-性能关系提供理论基础。在研究方法上，材料模拟技术已经形成了完整的跨尺度研究体系。在原子尺度上，基于量子力学原理的第一性原理计算可以精确预测材料的电子结构和基本物性；分子动力学模拟能够再现原子和分子的动态行为；蒙特卡罗方法则为研究材料的统计力学性质提供了有效工具。在介观尺度上，相场方法可以模拟材料的微观组织演化；耗散粒子动力学适用于研究复杂流体的行为。在宏观尺度上，有限元方法等连续介质模拟技术被广泛应用于工程材料的性能分析和结构优化。这些方法各具特色，相互补充，构成了完整的材料模拟方法体系。

随着高性能计算技术的快速发展，材料模拟的精度和效率得到了显著提升。超级计算机的出现使得大规模并行计算成为可能，量子化学计算的时间尺度从原来的几天缩短到几个小时甚至几分钟。云计算平台的普及让更多的研究人员能够便捷地使用高性能计算资源。算法方面的创新，如线性标度算法的开发，大大提高了计算效率，使得更大体系的模拟成为可能。这些技术进步极大地拓展了材料模拟的应用范围，使得研究人员能够在计算机上完成大量"虚拟实验"，大大加快了新材料研发的进程。

在实际应用中，材料模拟技术已经取得了丰硕成果。在能源材料领域，模拟技术帮助设计了高效的锂离子电池电极材料和储氢材料；在结构材料方面，模拟指导开发了高强度高韧性的合金和复合材料；在功能材料研究中，模拟为开发新型光电材料和催化材料提供了重要参考。材料模拟技术的应用价值主要体现在以下几个方面：首先，它可以大大缩短新材料研发周期。通过计算机模拟，研究人员可以在短时间内筛选大量候选材料，显著提高研发效率。其次，它能够降低研发成本。相比昂贵的实验设备和高纯原料，计算机模拟的成本要低得多。再次，它可以揭示实验难以观测的微观机制，为理解材料性能提供理论基础。最后，它可以预测极端条件下的材料行为，为特殊环境应用的材料设计提供指导。

材料模拟技术的发展历程是一部人类运用计算工具探索物质世界的壮丽史诗，其演进过程生动展现了科学技术交叉融合的创新轨迹。这一发展历程大致可以分为四个重要阶段：萌芽期（1950—1969）、理论奠基期（1970—1989）、快速发展期（1990—2009）和智能融合期（2010至今）。每个阶段都留下了里程碑式的突破。

（1）萌芽期：计算机时代的曙光

20世纪50年代，随着第一代电子计算机的问世，材料模拟技术迎来了历史性起点。1953年，Metropolis等人首次在MANIAC计算机上实现了液体硬球模型的蒙特卡罗模拟，开创了计算统计力学的先河。这一时期最具代表性的工作是1957年Alder和Wainwright采用分子动力学方法研究了硬球系统的相变行为，虽然模拟的粒子数不足100个，却验证了统计力学的基本原理。

这一阶段的模拟技术具有三个显著特征：首先，计算规模极其有限，受制于当时计算机的运算能力（每秒仅能完成数百次运算），模拟体系通常不超过100个原子；其次，采用的势函数极为简单，多为Lennard-Jones势等对势形式；最后，模拟时间尺度仅能达到皮秒量级。尽管如此，这些开创性工作为后续发展奠定了重要基础，证明了计算机模拟可以成为研究物质微观行为的有效手段。

（2）理论奠基期：量子计算的突破

20世纪70年代是材料模拟技术发展的关键转折点。从简单对势发展到多体势（如EAM势），提高了金属体系模拟的准确性。Verlet算法、SHAKE约束算法等的提出，大幅提升了分子动力学模拟的稳定性；首个专业分子动力学软件如AMBER、CHARMM开始应用于生物大分子研究。1964—1965年，Hohenberg、Kohn和Sham提出了密度泛函理论（DFT），这一划时代的理论突破为第一性原理计算奠定了坚实的理论基础。1970年代后期，随着Car和

Parrinello 将 DFT 与分子动力学结合提出 CPMD 方法，量子力学层面的材料模拟开始走向实用化。1985 年，Kohn 和 Sham 因密度泛函理论获得诺贝尔化学奖，标志着计算材料学开始获得主流科学界的认可。这一时期虽然计算规模仍然有限，但理论框架和算法体系已基本成形，为后续的爆发式发展做好了准备。

（3）快速发展期：多尺度时代的来临

进入 20 世纪 90 年代，随着计算机性能的指数级提升（遵循摩尔定律）和并行计算技术的成熟，材料模拟技术迎来了黄金发展期。这一时期最显著的特征是多尺度模拟方法的兴起，成功解决了不同尺度模拟的衔接问题。在第一性原理计算方面，1991 年 Kresse 等开发了 VASP 软件，使 DFT 计算效率大幅提升；平面波赝势方法的成熟使计算精度显著提高。在分子动力学方面，1995 年 Plimpton 开发了 LAMMPS 开源代码，支持大规模并行计算；反应力场（ReaxFF）的提出使化学反应模拟成为可能。在介观模拟方法上，相场方法（phase field）在材料微观组织演化模拟中获得广泛应用；耗散粒子动力学（DPD）成为研究复杂流体的有力工具。在宏观模拟方面，商业有限元软件（如 ANSYS、ABAQUS）的普及使工程材料模拟走向实用化。

这一时期的另一个重要趋势是"高通量计算"概念的提出。1995 年，美国国家标准与技术研究院（NIST）建立了首个材料性能数据库，标志着材料研究开始进入"大数据"时代。2001 年，Ceder 教授团队首次系统性地采用高通量计算方法筛选锂离子电池正极材料，展示了计算材料设计的巨大潜力。

（4）智能融合期：人工智能驱动的革命

2010 年开始，材料模拟技术迎来了智能化革命。这一阶段的发展呈现出三个显著特征。第一，机器学习技术的深度融入。2012 年，Rupp 等首次将机器学习应用于分子能量预测，开创了"机器学习力场"的新范式。随后，深度神经网络在势函数开发、结构预测等方面展现出惊人潜力。2018 年，Deep-Mind 开发的 AlphaFold 在蛋白质结构预测领域取得突破性进展，展示了 AI 在复杂体系模拟中的强大能力。第二，多物理场耦合模拟的成熟。现代材料模拟已经能够实现力-热-电-磁-化学多场耦合，如耦合相场-晶体塑性模型用于研究金属塑性变形，第一性原理-分子动力学联用研究界面反应，有限元-离散元耦合模拟复合材料断裂行为。第三，数字孪生技术的兴起。通过构建材料的数字孪生模型，可以实现从材料设计到服役性能的全生命周期模拟。例如，航空发动机叶片的数字孪生可以实时预测其在复杂工况下的性能演变。

特别值得关注的是量子计算带来的新机遇。2019 年，Google 首次实现"量子优越性"，为未来量子化学计算开辟了新途径。虽然目前量子计算在材料模拟中的应用仍处于探索阶段，但其潜在的革命性影响不容忽视。

第**2**章
材料模拟的数值方法

　　材料模拟的数值方法是连接理论模型与实际应用的桥梁，其核心在于通过数学建模和计算机算法来求解材料科学中的各类物理问题。随着计算技术的飞速发展，这些方法已经形成了从微观到宏观的完整体系，能够准确描述材料在不同尺度的结构特征和行为规律。数值方法的选择取决于研究对象的空间和时间尺度、所需精度以及可用的计算资源，各种方法相互补充，共同构成了材料模拟的技术基础。现代材料模拟的数值方法按照尺度可以划分为三个主要层次：原子尺度、介观尺度和宏观尺度。原子尺度方法基于量子力学或经典力学原理，直接描述原子和电子的行为；介观尺度方法关注材料微结构的演化；宏观尺度方法则研究材料的整体性能。这些方法之间通过多尺度耦合技术实现信息传递，形成完整的模拟链条。

　　在原子尺度上，第一性原理计算是最为精确的数值方法。基于量子力学的密度泛函理论（DFT）通过求解 Kohn-Sham 方程，可以准确预测材料的电子结构和基本物性。DFT 计算不依赖于经验参数，但计算量随体系尺寸呈三次方增长，通常限于数百个原子的系统。为突破这一限制，发展出了线性标度算法和投影缀加波（PAW）等方法。分子动力学（MD）模拟通过求解牛顿运动方程，可以研究更大体系（百万原子级）的动态行为。现代 MD 模拟已发展出多种势函数形式，包括反应力场（ReaxFF）等，能够描述化学键的形成与断裂。蒙特卡罗（MC）方法则通过随机采样研究系统的平衡性质，特别适用于相变、吸附等统计力学问题。

2.1　第一性原理计算方法

　　第一原理（first-principles 或 ab initio）方法是目前应用最为广泛的电子结构计算方法之一。第一原理，即从电子结构理论出发，求解体系的薛定谔方程，以获取材料性能方面的信息，从而理解材料中出现的一些现象，预测材料的性能。除原子构型外，它不需要任何其他的经验参数。第一原理方法是通过求解体系的薛定谔方程来得到材料的性能信息。但一个体系包含多粒子（原子核和电子）的变量个数非常多。因此，薛定谔方程很难求解，在进行第一原理计算时需要采取一些近似。最基本的近似有三个：绝热近似（born-oppenheimer）、密度泛函近似（density functional theory）、局域密度近似（local density approximation）。

20 世纪 60 年代，Hobenberg、Kohn 和 Sham 提出了密度泛函理论，简称 DFT。密度泛函理论不但给出了将多电子问题简化为单电子问题的理论基础，同时也成为分子和固体的电子结构和总能量计算的有力工具。相对于 Hartree-Fock 方法而言，密度泛函理论更简单、更严密，随着基于密度泛函理论的计算方法不断改进，计算效率逐渐提高。因此密度泛函理论是多粒子系统理论基态研究的重要方法。

绝热近似将多粒子（电子和原子核）问题简化为多电子问题，仍然无法求解，一般要采用更进一步的近似将多电子问题简化为单电子问题。常采用的两种方法为自洽场近似和密度泛函理论。现代物理中的众多电子结构方法大多建立在 DFT 基础之上。电子理论中的 DFT 始于 19 世纪 20 年代 Thomas 和 Fermi 的工作，他们认识到统计方法可以用来描述电子的分布。Thomas-Fermi 近似假设电子所感受到的势的变化非常慢，电子的局域动能等于具有相同电荷密度的局域均匀自由电子气的动能，这样，电子系统的总能可以用单电子密度 $n(r)$ 来表示。几十年来，TF 近似得到了很多改进。人们发现 TF 近似仅能够粗略地描述电荷密度。在高密度区，TF 近似很精确，但在一般密度的定量应用上并不令人满意。例如，TF 近似所预测的原子距离与能量的关系曲线没有极小值，不能描述原子间的结合。因此，TF 近似及相关方法被认为过于简单，在原子、分子或凝聚态物理的定性预测中重要性不大。

1964 年，Hohenberg 和 Kohn 提出了两个基本原理，正式建立了足以描述基态的单电子密度 $n(r)$，使得 TF 近似成为一种精确的理论密度泛函理论。这种理论基于存在原理设在外场 $V_{ext}(r)$ 中，相互作用的电子系统的非简并基态单电子密度为 $n(r)$，$n'(r)$ 为外场 $V'_{ext}(r)$ 中相应的单电子密度，则 $n(r)=n'(r)$ 意味着 $V_{ext}(r)=V'_{ext}(r)+C$。其中，C 为常数。

若尝试电荷密度 $n(r)$ 满足条件 $n(r) \geqslant 0$，且 $N[n] \equiv \int n(r)\mathrm{d}^3 r = N$，则具有 N 个电子的系统的总能 $\varepsilon[n]$ 在基态时取最小值。

存在原理意味着基态电荷密度 $n(r)$ 决定了系统的外势，由于外势转而决定系统的哈密顿量，显然，$n(r)$ 决定了整个系统的哈密顿量。若哈密顿量已知，则可以确定系统的所有基态性质。这是对多电子问题的巨大简化，因为单电子密度 $n(r)$ 仅是三个变量的函数。与求解 $3N$ 维薛定谔方程相比，变分原理使基态电荷密度和总能的确定大为简化。我们只需改变 $n(r)$，找到最小的

$\varepsilon [n]$ 即可。

在原子核位置固定的情况下，包含电子和核的系统的总能的一般形式为

$$E_{tot} = T + E_{NN} + E_{eN} + E_{ee} + E_{xc}[n]$$

式中　T——$\sum_i \langle \psi_i | -\frac{1}{2}\nabla^2 | \psi_i \rangle$，是电子动能算符的期望值；

E_{tot}——$\sum_{\alpha<\beta} \frac{Z_\alpha Z_\beta}{r_{\alpha\beta}}$，是核与核之间的相互作用；

E_{eN}——$\int n(r) \sum v(r-R_\alpha) d^3 r$，是核与电子之间的交互作用；

E_{ee}——$\iint \frac{n(r)n'(r)}{|r-r'|} d^3 r d^3 r'$，是电子之间的排斥作用；

$E_{xc}[n]$——交换关联泛函。

作用于一个电子上的核及其他电子的势的和为 Hartree 势：

$$V_H(r) = \int \frac{n(r)}{|r-r'|} d^3 r' + \sum \frac{Z_\alpha}{|r-R_\alpha|}$$

基态电荷密度为占据态之和：

$$n(r) = \sum_{i,s} |\psi_i(r,s)|^2$$

在局域密度近似下，交换关联泛函也假设为电荷密度的函数：

$$E_{xc}[n(r)] = \int n(r) \varepsilon_{xc}[n(r)] d^3 r$$

式中，$\varepsilon_{xc}[n(r)]$ 取均匀电子气的密度 $n(r)$ 的交换关联能。

在 LDA (local density approximation) 近似下，波函数 $\psi_i(r)$ 为有效自洽单电子哈密顿量的本征态。

$$H(n)\psi_i r = \varepsilon_i \psi_i(r)$$

其中有效哈密顿量为

$$H = \left[-\frac{1}{2}\nabla^2 + V(r) + \int \frac{n(r)}{|r-r'|} d^3 r' + \mu_{xc}(r) \right]$$

式中　$V(r)$——$\sum_\alpha \frac{Z_\alpha}{|r-R_\alpha|}$，核在 r 处的势；

$\mu_{xc}(r)$——$\frac{\delta E_{xc}[n]}{\delta n} = \varepsilon_{xc}[n(r)] + n(r)\frac{d\varepsilon_{xc}[n]}{dn}|_{n=n(r)}$，交换关联势。

在开始进行自洽计算时，必须给出计算对象的初始几何结构及初始电荷密度，初始电荷密度可以是晶胞中各位置原子在自由状态时的电荷密度的迭加。DFT 中一个基本的量是电荷密度，有了电荷密度和给定的几何结构，就可以定义 Kohn-Sham 方程。通过解泊松方程，可获得静电 Coulomb 势。使用一个显式的交换-关联势，可确定交换-关联势算符。对一个给定的变分基函数序列 $\{\varphi_j\}$，可以计算出哈密顿矩阵元和重迭矩阵元。然后，对矩阵 H-εS 进行对

角化，得到一系列单电子本征值以及对应每一本征值的变分展开系数。利用这些系数，可以合成单电子波函数从而计算出新的电荷密度。新的电荷密度又称为输出电荷密度，在每一自洽循环过程中，一个输入电荷密度对应一个输出电荷密度。当输出电荷密度与输入电荷密度的差足够小，不会引起总能及其他感兴趣的量出现显著误差时，自洽循环中止。

2.2　分子动力学方法

分子动力学（molecular dynamics，MD）模拟是计算材料科学中最具影响力的原子尺度模拟技术之一。这种方法通过数值求解经典或量子力学运动方程，追踪体系中所有粒子的实时运动轨迹，从而揭示材料的微观动态行为和宏观性能。自 1957 年 Alder 和 Wainwright 首次对硬球系统进行 MD 模拟以来，该方法已经发展成为研究材料结构-性能关系不可或缺的工具。

（1）经典分子动力学的基本原理

经典分子动力学（classical molecular dynamics，MD）是一种基于牛顿力学原理的计算机模拟方法，用于研究原子或分子体系的动态行为。其核心思想是通过数值求解运动方程，模拟体系在相空间中的轨迹，从而获取结构、动力学和热力学性质。

将原子或分子视为经典粒子（忽略量子效应），其运动遵循牛顿力学。每个原子 i 的运动方程为 $m_i \dfrac{\mathrm{d}^2 r_i}{\mathrm{d}t^2} = \boldsymbol{F}_i = -\nabla_i V(r_1, \cdots, r_N)$，其中 m_i 为质量，r_i 为位置，$\boldsymbol{F}_i$ 为受力。结合粒子在初始时刻的速度和位置坐标，通常采用有限差分法等数值方法对牛顿运动方程进行迭代求解，从而获得体系中所有粒子在不同时刻的坐标和速度。这些随时间演化的位置与速度数据的集合，即构成粒子的运动轨迹。这种数值求解策略不仅实现了对微观粒子运动的定量描述，还为深入探究原子或分子尺度的动力学行为奠定了理论基础。

Verlet 算法由 Loup Verlet 于 1967 年首次提出，是最早应用于分子动力学模拟的数值积分方法之一。该算法的主要优势在于其形式简洁、计算高效，因而在各类分子模拟中得到广泛应用。然而，该算法存在两个明显的局限性：首先，它不直接提供显式的速度项，需要通过位置差分间接计算；其次，其计算精度相对较低，且需要预先给定两个初始时刻的位置坐标才能启动计算。这些特点在一定程度上限制了该算法在高精度模拟中的应用。Swope 等人于 1982 年提出的 Velocity-Verlet 算法，该算法是对传统 Verlet 算法的重大改进，其主要创新点体现在：实现了位置、速度和加速度等动力学变量的同步更新；

通过显式计算速度项，避免了传统算法中速度计算滞后的问题；在保持计算效率的同时，显著提高了数值积分的精度；严格保证了能量守恒特性，使其特别适用于长时间分子动力学模拟。

Velocity-Verlet 算法的更新步骤如下：

① 计算半步速度。利用当前受力计算半步长后的速度：

$$v\left(t+\frac{\Delta t}{2}\right)=v(t)+\frac{F(t)}{2m}\Delta t$$

② 更新位置。用半步速度更新下一时刻的位置：

$$r(t+\Delta t)=r(t)+v\left(t+\frac{\Delta t}{2}\right)\Delta t$$

③ 计算新受力。基于新位置 $r\ (t+\Delta t)$ 计算新受力：

$$F(t+\Delta t)=-\nabla V[r(t+\Delta t)]$$

④ 更新完整速度。利用新的受力更新速度至 $t+\Delta t$：

$$v(t+\Delta t)=v\left(t+\frac{\Delta t}{2}\right)+\frac{F(t+\Delta t)}{2m}\Delta t$$

Velocity-Verlet 算法在计算物理和分子动力学模拟领域具有独特优势。相较于传统 Verlet 算法，它每个时间步长处理隐含两个时间点信息，这一特性虽使单次迭代耗时增加、计算量变大，但却为算法带来了精度和稳定性的显著提升。不仅维持了 Verlet 算法在能量守恒方面的良好表现，还通过直接计算速度避免了速度和位置更新间的累积误差，保障了模拟结果的长期稳定与准确。与 Leap-frog 算法对比，Velocity-Verlet 算法在精度相当的情况下，能更直观地展示粒子即时速度信息，这对众多物理和工程问题研究极为关键。此外，在资源充足（尤其是内存方面）的条件下，合理增大该算法的时间步长，可在精度损失不大的情况下，有效缩短总计算时间，进而加速模拟进程，提升研究效率。

然而，Velocity-Verlet 算法也存在明显弊端。由于其每个时间步长处理涉及两个时间点信息，使得单次迭代耗时相对较长，这在一定程度上限制了其在一些对计算速度要求极高的场景中的应用。

在分析动力学中，系综和边界条件是研究系统演化的核心理论工具。系综通过统计力学框架描述系统的宏观性质与微观状态分布，而边界条件则通过数学约束定义系统在时空边界上的行为，两者共同决定了动力学方程的解及其物理内涵。以下对常用系综和边界条件进行系统性阐述。

（2）常用的系综

系综理论在分析动力学中主要用于处理多自由度系统的统计行为。微正则系综（microcanonical ensemble）描述孤立系统的平衡态，其能量、粒子数与体积均严格守恒。在哈密顿力学中，系统相空间轨迹被限制在等能面 [$H(q,p)=E$] 上，适用于保守系统的长时间演化分析，如天体力学中的轨道稳定性问题。正则系综（canonical ensemble）则适用于系统与热浴接触的情况，温度恒定而能量允许涨落，其概率分布由玻尔兹曼因子 $\left(e^{-\beta H},\beta=\dfrac{1}{k_B T}\right)$ 在动力学建模中，正则系综常通过朗之万方程引入随机力以模拟热涨落，广泛应用于分子动力学模拟中的恒温系统。巨正则系综（grand canonical ensemble）进一步扩展至粒子数可变的情形，通过化学势（μ）调控粒子交换，适用于开放系统或量子多体问题，如超流体的相变研究。

（3）边界条件

边界条件通过约束系统的时空演化，直接影响动力学方程的解空间与物理性质。在空间边界条件中，周期性边界条件（periodic boundary conditions，PBC）通过将系统边界与其镜像连接，消除有限尺寸效应，常见于晶体或流体模拟；固定边界条件（dirichlet 条件）强制边界位置或状态恒定 [如 $q(0)=q(L)=0$]，在弦振动或量子阱问题中引入驻波解；自由边界条件（Neumann 条件）则规定边界处物理量的导数为零（如 $\left.\dfrac{\partial q}{\partial x}\right|_{x=0}=0$），适用于弹性体自由端振动或热传导问题。在时间边界条件中，初值问题通过给定初始位置与动量 [$q(t_0),p(t_0)$] 确定系统演化轨迹，是经典力学中牛顿方程的核心形式；而边值问题则固定两端时间点的状态 [如 $q(t_1)=q_1,q(t_2)=q_2$]，在路径积分量子化或最优控制理论中至关重要。此外，约束条件进一步分为完整约束，形如 $f(q,t)=0$ 与非完整约束（含不可积速度项），前者通过拉格朗日乘子法引入广义力，后者需修正变分原理（如 Hertz 原理）以处理滚动无滑动等复杂运动。

系综与边界条件的协同效应在复杂系统建模中尤为显著。例如，微正则系综下孤立系统的能量守恒需结合固定或周期性空间边界条件，以研究封闭体系的动力学稳定性；正则系综中热涨落的引入需通过随机边界条件（如 Langevin 方程的随机力项）实现能量交换。在场论与连续介质力学中，边界条件直接决定场方程的格林函数形式，如 Dirichlet 边界下量子场的零点能修正，或周期性边界条件对玻色子凝聚的影响。系综与边界条件作为分析动力学的理论基石，通过统计与几何约束的有机结合，为从微观粒子到宏观连续体的多尺度动力学建模提供了普适框架。其合理选择与应用是理解复杂系统演化的关键，亦为凝聚态物理、天体力学与生物物理等领域的定量研究奠定了理论基础。

（4）势能函数与力场

二体势主要描述两个原子之间的相互作用，其形式相对简单，在分子动力学模拟的早期应用较为广泛。常见的二体势模型包括 Lennard-Jones 势和 Morse 势等。

Lennard-Jones 势函数形式为 $V_{LJ}(r) = 4 \in \left[\left(\dfrac{\sigma}{r} \right)^{12} - \left(\dfrac{\sigma}{r} \right)^6 \right]$。其中，$r$ 是两个原子之间的距离；$\in$ 表示势能阱的深度，反映原子间相互作用的强度；σ 是当势能为零时两个原子之间的距离，与原子的大小有关。该势函数能够描述分子间的范德瓦耳斯力，其中 $\left(\dfrac{\sigma}{r} \right)^{12}$ 项代表短程排斥力，$\left(\dfrac{\sigma}{r} \right)^6$ 项代表长程吸引力。在模拟简单流体如液氩的性质时，Lennard-Jones 势取得了一定的成功。1964 年，Rahman 使用 Lennard-Jones 势函数进行了液氩性质模拟，并得到了与实验数据相近的自扩散系数等系统性质。

Morse 势函数表达式为 $V_{Morse}(r) = D_e \left[1 - e^{-\beta(r-r_0)} \right]^2$。其中，$D_e$ 是分子的离解能；β 决定了势能曲线的宽度（图 2-1）；r_0 是平衡键长。Morse 势常用于描述双原子分子的势能，对分子的振动和离解过程有较好的描述能力，尤其在金属计算中应用较多。

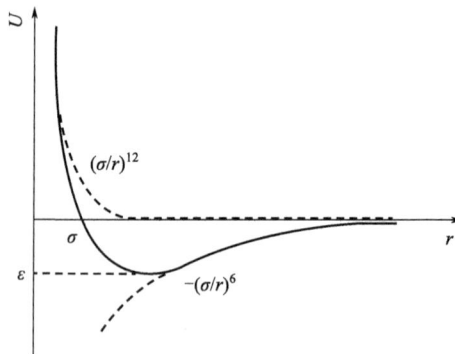

图 2-1　L-J 势函数曲线

随着研究的深入，人们发现对于一些复杂体系，仅考虑二体相互作用无法准确描述原子间的行为，多体势应运而生。多体势考虑了三个或三个以上原子之间的相互作用，能够更真实地反映体系的性质。例如嵌入原子法（EAM）势，它将体系中的原子视为嵌入在由其他原子产生的电子密度云中，原子的能量不仅与周围原子的距离有关，还与周围原子的电子密度相关。多体势虽然能更精确地描述复杂体系，但往往缺乏明确的表达式，参量众多，这使得模拟收敛速度很慢，在实际应用中面临诸多困难，限制了其广泛使用。

① AMBER 力场。AMBER（assisted model building with energy refinement）力场在分子动力学模拟领域占据着重要地位，是当前应用最为广泛的

分子力场之一。该力场自开发之初，便以生物分子体系作为主要的模拟研究对象，为蛋白质、核酸等生物大分子的结构解析与动力学行为探究提供了坚实的理论支撑。

从其作用机制来看，AMBER 力场通过精心设计的参数化方案与能量函数表达式，能够精准刻画生物分子内各类原子间的相互作用，涵盖了从共价键伸缩、键角弯曲到非键静电与范德瓦耳斯相互作用等多种物理化学过程。这种精确的描述能力使得该力场在预测生物分子构象变化、折叠路径等关键问题上表现卓越。以蛋白质折叠模拟研究为例，借助 AMBER 力场，科研人员得以系统地追踪蛋白质从无序的线性氨基酸序列逐步折叠形成具有特定空间构象和生物学功能的三维结构的全过程。这一过程的模拟不仅有助于揭示蛋白质折叠的热力学与动力学规律，更为理解蛋白质功能异常相关疾病的发病机制提供了微观层面的理论依据。

值得注意的是，AMBER 力场并非一成不变的静态体系。随着计算化学研究深入与新型分子体系模拟需求涌现，该力场持续经历着迭代与革新。开发团队通过整合最新的实验数据（如高精度 X 射线晶体学结构、核磁共振波谱参数）与量子化学计算结果，不断优化力场参数并拓展其适用范围。时至今日，AMBER 力场已不再局限于传统的生物分子体系，其应用边界逐步延伸至更为复杂的有机分子体系，包括天然产物全合成中间体的构象分析、药物小分子与生物靶点的相互作用研究等前沿领域，展现出强大的适应性与拓展潜力。这种动态的发展特性使得 AMBER 力场在不断变化的研究需求中始终保持着竞争力，为跨学科领域的分子模拟研究提供了可靠的工具选择，其广泛的应用案例也进一步验证了力场参数的有效性与模拟结果的可靠性。

② CHARMM 力场。CHARMM 力场作为分子动力学模拟领域的经典工具，凭借其高度的灵活性与广泛的适用性，在生物分子研究与材料科学等多学科交叉领域发挥着不可或缺的作用。该力场由哈佛大学 Karplus 研究组开发，历经数十年的迭代优化，已形成包含多代参数集的完备体系。

在生物分子模拟范畴内，CHARMM 力场展现出与 AMBER 力场相媲美的精确性，尤其擅长处理蛋白质-核酸复合物、糖蛋白等复杂生物大分子体系。其能量函数框架不仅涵盖了传统的键合项（如谐振键伸缩、谐波角弯曲势），还通过极化力场扩展模块（如 CHARMM-Drude 模型）实现对动态电荷分布的描述，从而更准确地捕捉生物分子在溶液环境中的构象熵变与静电相互作用。以膜蛋白-配体识别研究为例，CHARMM 力场能够通过其脂质参数集（如 CHARMM36 脂质力场）与蛋白质参数协同，精确模拟跨膜蛋白在脂双层中的动力学行为，揭示配体结合引发的构象传递机制。在材料科学前沿领域，

CHARMM 力场通过参数移植与扩展策略，成功构建了适用于高分子材料体系的模拟平台。针对聚合物体系，该力场可通过联合原子模型（如 C36 模型）与全原子模型的灵活切换，在保证计算效率的同时精确刻画分子链间的缠结与结晶过程。以聚乳酸（PLA）材料的玻璃化转变研究为例，基于 CHARMM 力场的分子动力学模拟能够定量解析温度-密度相图，通过统计链段弛豫时间与自由体积变化，揭示玻璃化转变的微观动力学机制。对于液晶材料，CHARMM 力场结合刚性分子模型，可有效模拟棒状液晶分子的取向序参数演化，为理解液晶相转变行为提供分子水平的理论依据。

CHARMM 力场的显著优势在于其模块化参数库设计。该库包含超过 300 种原子类型与逾万组相互作用参数，通过"积木式"组合策略，可针对特定分子体系快速构建定制化力场。例如，在研究新型离子液体-聚合物复合电解质时，研究人员可从 CHARMM 参数库中调取离子片段与聚合物单体参数，结合量子化学计算优化的电荷分布，快速构建适配于该体系的力场模型。这种参数可移植性与扩展性，使得 CHARMM 力场在纳米材料界面相互作用、生物医用高分子设计等新兴领域持续发挥关键作用，成为连接分子结构与宏观材料性能的重要桥梁。

③ GROMOS 力场。GROMOS（Groningen Molecular Simulation）力场由荷兰格罗宁根大学的科研团队开发，经过多年的迭代优化，已发展成为分子动力学模拟领域中具有鲜明特色的专业工具。该力场以其在生物分子体系，尤其是生物膜系统研究方面的卓越性能而备受关注，在揭示生物膜微观结构与功能机制方面展现出独特优势。

生物膜作为细胞与外界环境的屏障及物质能量交换的关键界面，由脂质双分子层与嵌入其中的蛋白质、糖类等生物分子构成高度复杂的动态体系。GROMOS 力场通过精细设计的参数化方案，能够精准捕捉脂质分子间的疏水相互作用、静电相互作用以及脂质与膜蛋白之间的特异性结合。其能量函数不仅考虑了脂质分子尾部烃链的构象变化（如反式-旁式异构化），还针对磷脂头部基团的电荷分布特性进行优化，使得模拟结果能准确反映生物膜在不同生理条件下的结构动态。例如，力场中对磷脂酰胆碱（PC）、磷脂酰乙醇胺（PE）等常见膜脂的参数化，可有效再现脂质双分子层的侧向扩散系数、膜厚度波动等关键物理性质。在药物跨膜运输研究领域，GROMOS 力场发挥着不可替代的作用。借助该力场构建的生物膜-药物分子复合体系模型，科研人员能够系统探究药物分子与膜脂的疏水结合模式、跨膜转运的自由能垒，以及膜蛋白介导的主动运输机制。以 β-内酰胺类抗生素为例，基于 GROMOS 力场的分子动力学模拟揭示了药物分子如何通过与外膜孔蛋白 OmpF 的静电相互作用实现高效跨膜渗透，为优化药物分子设计提供了重要的结构生物学依据。

相较于部分全原子力场，GROMOS 力场在计算效率与精度间实现了良好平衡。通过采用联合原子模型（united atom model）简化烃链描述，并优化非键相互作用截断算法，在保证模拟精度的前提下大幅降低计算复杂度。这一特性使得对包含数千脂质分子与膜蛋白的大规模生物膜系统进行微秒级时间尺度的动力学模拟成为可能。例如，在研究脂筏（lipid raft）动态组装过程中，GROMOS 力场可同时追踪数百个胆固醇、鞘磷脂分子与膜蛋白的协同运动，为理解生物膜相分离现象提供丰富的分子水平数据。GROMOS 力场的持续发展还体现在其参数的通用性与扩展性上。研究团队通过整合 X 射线衍射、中子散射等实验数据，不断更新力场参数集（如 GROMOS 54A7、54B7 系列），使其不仅适用于哺乳动物细胞膜模拟，还可拓展至细菌膜、人工脂质体等特殊体系。这种适应性使得 GROMOS 力场在生物膜仿生材料设计、纳米颗粒跨膜递送等前沿交叉领域展现出广阔的应用前景。

④ OPLS 力场。OPLS（optimized potentials for liquid simulations）力场作为专为液体及溶液体系设计的分子模拟工具，在计算化学领域以其高精度与高效性的平衡著称。该力场由 Jorgensen 研究组开发，通过系统性优化参数，构建了适用于描述小分子液体、电解质溶液及复杂流体体系的理论框架，尤其在再现液体热力学与输运性质方面展现出卓越性能。OPLS 力场的核心优势源于其独特的参数优化策略。开发团队基于量子力学计算与实验数据（如量热法、介电常数测量）的协同验证，对分子内共价相互作用与分子间非键相互作用进行精细化校准。在热力学性质描述方面，OPLS 力场通过精确设定原子电荷分布与范德华参数，能够定量预测液体的密度、蒸气压及混合热等关键属性。例如，对醇类-水混合体系的模拟显示，OPLS 力场可准确捕捉氢键网络对溶液超额熵的贡献，其计算结果与实验值的偏差通常小于 5%。

在溶液动力学研究领域，OPLS 力场为分子扩散与反应动力学分析提供了可靠手段。针对分子扩散行为，力场通过构建包含转动自由度的分子模型，结合精确的非键相互作用描述，可定量解析溶质分子在溶剂中的平移与旋转扩散系数。在研究二甲亚砜（DMSO）-水混合溶剂中氨基酸的构象动力学时，OPLS 力场揭示了溶剂化壳层的动态重组对氨基酸侧链旋转异构化的影响机制。在离子液体体系研究中，OPLS 力场展现出突出的适应性。通过对阴阳离子的电荷分布进行量子化学优化，并引入极化修正项，该力场能够准确模拟离子液体中复杂的静电相互作用与离子缔合行为。以 1-乙基-3 甲基咪唑鎓四氟硼酸盐为例，基于 OPLS 力场的分子动力学模拟不仅重现了实验测得的离子扩散系数（误差＜3%），还揭示了阴阳离子间形成的网状氢键结构对离子电导率的增强效应。此类研究为离子液体在电化学储能、催化反应等领域的应用提供了分子层面的理论指导。

此外，OPLS力场的模块化设计允许研究人员针对特定体系进行参数扩展。通过结合高精度从头算数据，可进一步优化力场对新型液体体系的适用性。这种参数可迁移性使得OPLS力场在超临界流体、离子凝胶等前沿体系的模拟中持续发挥重要作用，成为连接分子结构与宏观液体性质的关键桥梁。

2.3 蒙特卡罗方法

蒙特卡罗方法起源于20世纪40年代核武器研发中的中子输运问题，由Stanislaw Ulam与John von Neumann提出并命名。其核心思想是通过构造随机概率过程，利用计算机模拟产生随机数，并对随机数进行统计工作，从而获得问题的近似解。该方法的提出，得益于科学技术的发展和电子计算机的发明，能够高效地处理复杂的数值计算问题。

（1）蒙特卡罗方法的数学基础

① 大数定律。大数定律明确阐述了这样一个核心思想：在大量重复试验中，某一事件发生的相对频率会趋近于该事件发生的真实概率。这一原理不仅揭示了随机现象背后的统计规律性，还为通过随机采样来估计数学期望提供了理论支撑。在蒙特卡罗方法的框架下，大数定律的具体应用体现为：当随机样本的数量足够大时，样本均值（即所有样本值的算术平均）将趋近于总体的真实均值，也即随机变量的数学期望。具体形式为 $\lim_{n \to \infty} \frac{1}{n} \sum_{i=1}^{n} X_i = E[X]$。

在此公式中，X_i 表示一系列独立同分布的随机变量，它们各自具有相同的概率分布。这些随机变量可以是任何类型的数值，如连续变量或离散变量。而 $E[X]$ 则表示这些随机变量的数学期望，即所有可能取值的加权平均，权重为各取值出现的概率。在蒙特卡罗方法中，我们通过生成大量的随机样本来模拟这一概率分布，并计算这些样本的均值作为对总体均值（即数学期望）的估计。由于大数定律的保证，当样本数量趋于无穷大时，这一估计值将无限接近于真实的数学期望。因此，大数定律不仅为蒙特卡罗方法提供了理论依据，还确保了该方法在足够样本量下的准确性和可靠性。

② 中心极限定理。中心极限定理的核心内容在于，当大量独立同分布的随机变量相加时，无论这些随机变量的原始分布形态如何（无论是正态、偏态、离散还是连续），其和的分布都将趋近于正态分布。这一结论不仅具有理论上的深刻性，更在实际应用中展现出广泛的适用性。中心极限定理进一步说

明，在大量独立随机变量的和的分布趋近于正态分布的情况下，无论这些随机变量的原始分布如何。在蒙特卡罗方法中，这一定理保证了即使基于非正态分布的样本，其结果的总体分布也会接近正态分布。这对于估计结果的置信区间和进行误差分析至关重要。具体形式为：

设 X_1，X_2，$\cdots$，X_n 是独立同分布的随机变量，具有均值 μ 和方差 σ^2，则当 n 趋近于无穷大时，随机变量的和标准化后趋近于标准正态分布 $Z_n =$

$$\frac{\sum\limits_{i=1}^{n} X_i - n\mu}{\sqrt{n}\sigma} \rightarrow N\ (0,\ 1)。$$

（2）蒙特卡罗方法的主要构成

随机性作为蒙特卡洛方法的灵魂所在，赋予了其模拟复杂系统行为与求解近似解的强大能力。通过精心设计的随机抽样策略，该方法能够生成海量数据点，这些数据点如同微观世界的镜像，映射出宏观系统的动态特性。随机性的引入，不仅有效规避了传统确定性方法可能遭遇的偏差陷阱，更为问题求解提供了更为全面的、多元的视角。

模型构建是蒙特卡洛方法实施前的基石工程。在这一阶段，研究者需将实际问题抽象为数学模型，这一过程如同将现实世界的纷繁复杂转化为数学语言的简洁之美。模型中融入的概率分布、函数关系等元素，为后续随机样本的计算铺设了坚实的逻辑基础。值得注意的是，模型的选择需紧密贴合实际应用场景，如在物理学领域，需精准模拟粒子在不同环境条件下的行为模式。

样本生成，作为蒙特卡洛方法执行过程中的关键一坏，其重要性不言而喻。借助先进的计算机算法与伪随机数生成器，研究者能够从预设的概率分布中高效抽取样本，这些样本如同探索未知领域的勇士，共同构成了对样本空间的全面覆盖。为确保样本的代表性与随机性，研究者需根据问题特性选择合适的概率分布，如均匀分布、正态分布等。样本生成的精妙之处，在于其能够以有限的计算资源，实现对无限可能性的近似探索。

正式计算即利用精心准备的随机样本，对目标数学表达式或模型进行深度评估。这一过程如同对复杂系统的精密解剖，旨在揭示其内在规律与运行机制。计算结果可能呈现为简单的统计量（如均值、方差），亦可能是复杂的模型输出。对于优化问题而言，研究者可能还需通过迭代算法不断调整参数，以期达到最优解。蒙特卡罗方法的并行处理能力，在此阶段得以充分展现，其能够显著加速计算进程，提升求解效率。

最后，结果分析作为蒙特卡洛方法的收官之作，其重要性不容忽视。研究者需运用统计工具对计算结果进行全面剖析，包括置信区间的计算、结果的可视化展示以及误差的精确估算等。这一阶段的目标在于评估结果的有效性、可靠性及实际意义，确保研究结论的真实性与准确性。通过增加样本数量、观察结果的收敛性等手段，研究者能够进一步验证计算的精确度；同时，对潜在偏差与不确定性的审慎考量，也是确保研究结论稳健性的关键所在。

2.4 有限元方法

有限元方法（finite element method，FEM）作为现代工程科学的核心数值分析工具，其理论体系起源于 20 世纪中叶结构力学领域的离散化思想，起源可追溯到 20 世纪 40 年代。1943 年，美国数学家 R. L. Courant 发表数学论文 *Vibrational methods for the solution of problems of equilibrium and vibration*，其中提出了有限元方法的核心思想，这标志着有限元方法的萌芽。同一时期，工程师 J. H. Argyris 也在工程应用中取得了重大突破，进一步推动了有限元方法的发展。1955 年，Argyris 发表了 *Energy theorems and Structural analysis* 系列论文，文章运用矩阵理论得出了一种十分复杂的刚度法的数学表达式，并给出了易弯性和刚度的定义。1960 年，美国的 W. Clough 在对飞机结构进行分析时首次将其命名为"有限元法"，这标志着早期有限元法发展阶段的初步结束，对有限元法的完善初步开始。通过将复杂几何结构分解为有限个单元的集合体，创造性地解决了传统解析方法难以处理的非规则结构应力分析难题。这一划时代的创新不仅革新了结构力学的研究范式，更奠定了现代计算力学的基础。20 世纪 70 年代，随着商业有限元软件（如 ANSYS、NASTRAN）的问世，有限元方法从理论研究走向工程实践。20 世纪 80 年代后，自适应网格技术、多物理场耦合算法及并行计算技术的引入，进一步扩展了其应用范围。如今，有限元方法不仅是工程设计的标准工具，更成为科学研究中探索复杂系统行为的重要手段。

有限元方法的基本思想是将一个原来是连续的物体剖分（离散）成有限个单元，且它们相互连接在有限个节点上，承受等效的节点载荷，并根据平衡条件来进行分析，然后根据变形协调条件把这些单元重新组合起来，成为一个组合体，再综合求解。由于单元的个数是有限的，节点数目也是有限的，所以称为有限元法。

从数学角度来看，有限元法早期是以变分原理为基础发展起来的，它广泛地应用于以拉普拉斯方程和泊松方程所描述的各类物理场中（这类场与泛函的极值问题有着紧密的联系）。自从 1969 年以来，某些学者在流体力学中应用加权余量法中的迦辽金法（Galerkin）或最小二乘法等同样获得了有限元方程，因而有限元法可应用于以任何微分方程所描述的各类物理场中，而不再要求这类物理场和泛函的极值问题有所联系。其基本过程是由解给定的泊松方程化为求解泛函的极值问题，将连续的求解域离散为一组单元的组合体，用在每个单元内假设的近似函数来分片地表示求解域上待求的未知场函数，近似函数通常由未知场函数及其导数在单元各节点的数值插值函数来表达，从而使一个连续的无限自由度问题变成离散的有限自由度问题。相较于传统解析方法对几何规则性和材料均匀性的严格依赖，有限元方法通过三大突破性创新实现了工程分析范式的革命性跃迁。

① 几何适应性革新。传统方法难以处理复杂非规则结构，而有限元方法通过等参单元技术构建了"几何自由"的求解框架。该技术将复杂几何体分解为可通过坐标变换映射的规则单元，实现了航空发动机叶片扭曲流道、核电站压力容器非规则曲面等极端几何的精确离散。其核心优势在于，单元形态可随几何特征自适应调整，从而在保证计算精度的同时，突破了传统方法对解析表达式的依赖。

② 计算效能跃升。面对工程结构中普遍存在的局部应力集中现象，自适应网格细化策略通过解的梯度动态调控网格密度。该策略在关键区域自动加密网格，在平缓区域保持粗网格，实现了计算精度与效率的智能平衡。例如在桥梁结构分析中，该方法可使计算效率提升 30% 以上，同时将关键区域应力误差控制在 1% 以内，显著优于传统均匀网格方法。

③ 多尺度耦合突破。针对宏观结构响应与微观失效机制的协同分析难题，有限元方法发展出子模型法、桥接尺度模型等混合建模技术。这些方法通过在全局模型中识别关键区域，建立局部高精度子模型，实现了桥梁整体稳定性与焊缝疲劳裂纹扩展的协同预测。例如在核电站安全壳分析中，该方法可同时捕捉米级结构变形与毫米级裂纹扩展，为结构完整性评估提供了全新维度。

（1）有限元的基础和原理

变分原理是有限元方法的理论基础，而泛函分析是变分原理的数学基础。**泛函**是一种从函数空间到实数（或复数）的映射。简单来说，泛函的输入是一个函数，输出是一个数值。例如，积分泛函 $I[y]=\int_a^b F[x,y(x),y'(x)]\mathrm{d}x$。其中，$y(x)$ 是待求函数；F 是已知的函数；$I[y]$ 是泛函。

① 偏微分方程与变分原理。有限元方法的核心在于将连续域的偏微分方程转化为离散的代数方程。以典型的弹性力学问题为例，平衡方程可表示为 $\nabla \cdot \sigma + f = 0$。其中，$\sigma$ 为应力张量；f 为体积力。通过引入虚功原理（变分法），上述强形式方程可转化为弱形式 $\int_\Omega \sigma : \delta\varepsilon\mathrm{d}\Omega = \int_\Omega f \cdot \delta u\mathrm{d}\Omega + \int_{\partial\Omega_t} t \cdot \delta u\mathrm{d}\Gamma$。其中，$\delta u$ 为虚位移，ε 为应变张量。这一步骤将微分方程的求解问题转化为泛

函极值问题，为离散化奠定基础。

② 离散化与单元插值。有限元方法通过将求解域 Ω 划分为有限数量的子区域（单元），并在每个单元内定义局部插值函数（形函数），实现连续场的离散近似。以二维三角形单元为例，位移场可表示为 $U(x,y)=\sum_{i=1}^{3}N_i(x,y)u_i$。其中，$N_i$ 为形函数；u_i 为节点位移。形函数需满足单位分解性和局部支撑性，以确保解的连续性与收敛性。

③ 刚度矩阵组装与求解。通过将弱形式方程应用于每个单元，可得到单元刚度矩阵 $\boldsymbol{K}_e$ 与载荷向量 $\boldsymbol{F}_e$。全局刚度矩阵 $\boldsymbol{K}$ 和载荷向量 $\boldsymbol{F}$ 通过节点自由度组装而成，最终形成线性方程组 $\boldsymbol{KU}=\boldsymbol{F}$，其中 $\boldsymbol{U}$ 为未知的节点位移向量。采用直接法（如 LU 分解）或迭代法（如共轭梯度法）求解该方程组，即可获得离散化的数值解。

（2）有限元方法实施流程

① 结构离散化。结构离散化是将现实世界中连续分布的实际结构，转化为由有限数量的单元（单元尺寸越小，所获得的数值解就越趋近于理论精确值）与节点相互组合而成的离散模型。以复杂机械结构为例，可依据结构特征将其划分为多种类型的单元，如四面体单元、六面体单元，或者梁单元、壳单元等。这些单元之间通过节点实现相互连接，从而将原本基于连续介质的力学问题，转化为便于进行数值计算的离散系统问题。

② 单元特性分析。针对每一个离散单元，需开展细致的特性分析工作。首先，要选取恰当的位移模式来近似描述单元内部的真实位移分布情况。以二维平面问题为场景，通常采用线性三角形单元或四边形单元，并假设单元内的位移是坐标变量的线性函数。在此基础上，运用变分原理或虚功原理等经典力学理论，推导出单元的刚度矩阵和荷载向量。其中，刚度矩阵体现了单元在受力作用下的力学特性，反映了单元抵抗变形的能力；荷载向量则描述了单元所承受的外力情况。

③ 整体分析与求解。完成单元特性分析后，需依据特定规则将各个单元的刚度矩阵和荷载向量进行组装，构建出整体刚度矩阵和整体荷载向量，进而形成系统的方程组。在求解过程中，必须充分考虑结构的边界条件和约束条件。例如，在求解结构的静力学问题时，通过施加固定约束、滑动约束等边界条件，确保方程组具有唯一确定的解。通过对该方程组进行求解，即可得到各节点的位移解。

④ 后处理。依据求解得到的节点位移，进一步计算结构的应力、应变等其他关键物理量，以此对结构的性能和安全性进行全面评估。具体而言，可利用几何方程和物理方程，由节点位移计算出单元内的应变分布，再结合材料的

本构关系，得到单元内部的应力分布情况。

有限元方法作为一种高效能、常用的数值计算方法，经过几十年的发展，已经取得了巨大的成就。它从最初的萌芽阶段逐渐发展成为解决各种科学研究和工程技术问题的重要工具。有限元方法具有计算精度高、适应各种复杂形状、通用性强等优势，广泛应用于结构力学、流体力学、热传导、电磁学、声学、生物力学等多个领域。随着计算机技术和软件技术不断发展，有限元方法将不断完善和创新，在多物理场耦合分析、高性能计算、智能化和自动化等方面取得更大的进展，为科学技术的发展和工程实践做出更大的贡献。同时，有限元软件的发展也为工程师提供了更加便捷、高效的有限元分析工具，推动了有限元方法在各个领域的广泛应用。

第3章
材料模拟的软件与工具

　　人类文明的进步，始终与材料的发现和创新紧密相连。从石器时代的燧石工具到信息时代的半导体芯片，每一次材料技术的突破都重塑了社会生产力的边界。然而，材料的研发从来不是一条平坦的道路。想象一下，一位古代的铁匠试图通过反复捶打和淬火来优化剑的韧性——这种"试错法"耗时费力，且结果充满不确定性。今天，科学家们虽然不再依赖火炉与铁砧，但他们面对的挑战却更为复杂：如何设计出更轻的航空合金？如何开发高效的太阳能电池材料？如何在原子尺度上精准调控药物的分子结构？这些问题若仅依赖传统实验手段，可能需要数年甚至数十年的探索。幸运的是，随着计算机技术的飞速发展，一种全新的研究范式应运而生——材料模拟。其是在虚拟世界中构建材料的微观模型，通过计算预测其性能，从而大幅缩短研发周期、降低试错成本。这一变革的背后，离不开一系列强大的软件与工具的支持——它们构成了现代材料科学的"数字实验室"。材料模拟的核心目标，是通过计算机模型揭示材料的结构、性能及其与环境相互作用的规律。如果将材料比作一座宏伟的建筑，那么原子和分子就是构建它的基石。传统实验手段如同用肉眼观察建筑外观，而材料模拟则像是一台超高分辨率的显微镜，允许科学家深入观察每一块砖石的排列方式，甚至预测整座建筑在不同外力或温度下的稳定性。例如，在锂离子电池的研发中，科学家可以通过模拟锂原子在电极材料中的扩散路径，直观地"看到"哪些微观结构会导致电池寿命缩短，从而指导材料的优化设计。

　　回顾材料模拟软件与工具的发展历程，我们不难发现，这是一段从简单到复杂、从单一到多元的壮丽征程。早期的材料模拟，受限于计算机性能与算法的局限，往往只能进行简单的计算与模拟。然而，随着计算机技术的不断突破与算法的持续优化，材料模拟软件与工具逐渐展现出其强大的生命力与创造力。从最初的分子动力学模拟，到如今涵盖量子力学、经典力学、统计力学等多尺度、多物理场的综合模拟平台，材料模拟软件与工具已经发展成为材料科学研究不可或缺的重要工具。

　　在材料性能预测方面，材料模拟软件与工具更是展现出了其独特的优势。

通过精确模拟材料的微观结构与物理化学性质，这些工具能够准确预测材料在不同条件下的力学性能、热学性能、电学性能等，为材料的选择与应用提供了科学依据。例如，在航空航天领域，通过材料模拟软件对高温合金的性能进行预测与优化，可以显著提高发动机的工作效率与可靠性；在能源领域，利用材料模拟工具对太阳能电池材料进行筛选与设计，有望推动可再生能源技术的重大突破。在新材料研发方面，材料模拟软件与工具同样发挥着举足轻重的作用。传统的新材料研发过程往往耗时长、成本高，且成功率较低。而借助材料模拟软件与工具，研究人员可以在虚拟空间中快速筛选与优化材料配方，大大缩短研发周期，降低研发成本。例如，在药物研发领域，通过材料模拟软件对药物分子的结构与活性进行预测与优化，可以显著提高药物的疗效与安全性；在半导体材料领域，利用材料模拟工具对新型半导体材料的性能进行预测与调控，有望推动电子信息技术的新一轮革命。

材料模拟软件与工具的魅力，不仅在于其强大的计算能力与广泛的应用领域，更在于其背后所蕴含的深厚学术价值与创新精神。这些工具的开发与应用，不仅推动了材料科学、物理学、化学、计算机科学等多学科的交叉融合，更为解决人类面临的能源、环境、健康等重大挑战提供了新的思路与方法。例如，在环境科学领域，通过材料模拟软件对污染物的吸附与降解过程进行模拟与优化，可以为环境污染治理提供科学依据与技术支撑；在生物医学领域，利用材料模拟工具对生物材料的生物相容性与降解性能进行预测与调控，有望推动组织工程与再生医学的快速发展。

随着人工智能、大数据、云计算等技术地不断融入，材料模拟软件与工具将变得更加智能化、自动化与高效化。未来的材料模拟平台，将能够实现多尺度、多物理场的无缝集成与协同模拟，为材料科学家提供更加全面、深入的研究视角与工具。材料模拟软件与工具还将在更多领域展现出其独特的魅力与价值，为人类社会的可持续发展贡献更多智慧与力量。

如果说理论模型是材料模拟的大脑，那么软件与工具就是它的双手。过去三十年里，一系列标志性软件平台的诞生，彻底改变了材料研究的游戏规则。以 VASP（Vienna Ab-initio Simulation Package）为例，这款基于量子力学的计算工具，使科学家能够以前所未有的精度预测晶体材料的电子结构。2010 年，研究人员利用 VASP 成功设计了新型热电材料，其能量转换效率比传统材料提高了 30％，为废热回收技术开辟了新路径。而在生物材料领域，GROMACS 等分子动力学软件的出现，让研究者能够模拟蛋白质与药物的结合过程。在材料模拟软件与工具的璀璨星河中，Materials Studio、COMSOL Multiphysics、DEFORM 等明星软件犹如璀璨星辰，各自闪耀着独特的光芒。

Materials Studio 以其全面的分子模拟功能，在化学、材料工业等领域大放异彩；COMSOL Multiphysics 则凭借其强大的多物理场耦合模拟能力，成为解决复杂工程问题的得力助手；而 DEFORM 则在金属体积成形分析领域独树一帜，为金属加工行业提供了精准的模拟解决方案。这些软件不仅推动了材料科学研究的进步，更为工业界的技术创新提供了强有力的支持。这些工具的价值不仅体现在基础研究中，更深刻影响了工业创新。例如，美国通用电气公司利用 ANSYS 软件对航空发动机叶片进行多物理场耦合模拟，使新一代叶片的耐高温性能提升了 15%，同时减少了 70% 的物理原型测试成本。在能源领域，开源软件 LAMMPS（Large-scale Atomic/Molecular Massively Parallel Simulator）被用于优化钙钛矿太阳能电池的界面结构，帮助其光电转换效率突破 25% 大关。这些案例证明，材料模拟软件已成为推动技术革命的"隐形推手"。而在众多材料模拟软件中，如何选择合适的工具，将直接影响到最终研究成果的质量。因此，研究者需要对现有的模拟工具进行充分的了解与分析，以便选择最符合其研究需求的解决方案。此外，随着人工智能（AI）和机器学习（ML）等新兴技术不断发展，材料模拟软件的功能也在不断扩展。机器学习技术的引入，使得材料模拟不仅能够从已有的数据中进行学习，还能预测新材料的性能，极大提升了研究效率。

3.1 VASP

维也纳从头算模拟软件包 VASP 由维也纳大学的 Hafner 小组精心开发。其研发工作历经多年打磨与完善，凝聚了众多科研人员的智慧与心血。该软件最早可追溯到 20 世纪 80 年代末至 90 年代初，当时随着量子力学理论在材料计算领域的应用逐渐深入，科研人员迫切需要一款高效、精确的计算工具来处理复杂的材料体系。Hafner 小组顺应这一需求，基于当时先进的理论算法，着手开发 VASP 软件的雏形。在后续的发展历程中，随着计算机硬件性能的提升以及理论方法的不断革新，VASP 软件持续迭代升级，功能日益强大，逐渐成为材料模拟和计算物质科学研究领域中最具影响力和广泛应用的商用软件之一。

3.1.1 VASP 软件的理论基础

VASP 软件的核心理论根基是量子力学，通过近似求解薛定谔方程来获取体系的电子态和能量。具体而言，它主要在两个重要的理论框架下开展计算：

（1）密度泛函理论（DFT）

在密度泛函理论框架内，VASP 软件通过求解 Kohn-Sham 方程来描述体系的电子结构。该理论将多电子体系的基态能量表示为电子密度的泛函，极大地简化了多体问题的复杂性。通过引入交换关联泛函来近似处理电子之间的交换和关联相互作用，使得对实际材料体系的精确计算成为可能。并且，VASP软件已实现了杂化（hybrid）泛函计算，进一步提高了计算精度，能够更准确地描述材料中的电子相关效应，例如在处理半导体材料的能带结构时，杂化泛函可以给出与实验值更为接近的带隙结果。

（2）Hartree-Fock（HF）近似

VASP 软件也支持在 Hartree-Fock 的近似下求解 Roothaan 方程。Hartree-Fock 方法基于单电子近似，将多电子体系的波函数表示为单电子波函数的 Slater 行列式，通过迭代求解 Roothaan 方程得到体系的电子结构。尽管该方法在处理电子相关方面存在一定的局限性，但在某些特定情况下，如对于小分子体系或精确计算分子的电离能等方面，仍然具有重要的应用价值。

此外，VASP 软件还支持格林函数方法（GW 准粒子近似、ACFDT-RPA）和微扰理论（二阶 Møller-Plesset）等，为研究材料的激发态、准粒子性质以及多体相互作用等提供了丰富的理论手段。

3.1.2　VASP 软件的应用领域

在新型材料的研发中，VASP 软件可以在原子尺度上预测材料的性能，指导材料的成分设计和结构优化。例如，在探索新型高温超导材料、高效储氢材料、高强度合金材料等方面发挥着重要作用；通过理论计算筛选出具有潜在优异性能的材料体系，再结合实验验证，能够大大缩短新材料的研发周期，降低研发成本；用于研究凝聚态物质的各种物理现象和性质，如电子强关联体系、拓扑材料、量子相变等。在拓扑材料的研究中，VASP 软件通过计算能带结构和拓扑不变量，帮助科研人员发现和确认新型拓扑材料，推动拓扑物理领域的发展。在化学反应机理的研究中，VASP 软件可以模拟分子在催化剂表面的吸附、反应过程，揭示化学反应的微观路径和动力学信息。这对于开发新型高效催化剂、优化化工反应过程具有重要指导价值。在石油化工领域，其通过模拟催化剂表面的反应过程，改进催化剂的活性和选择性，提高石油资源的利用效率。其在能源材料的研究中具有广泛应用，如电池材料、太阳能材料、燃料电池材料等。以锂离子电池为例，VASP 软件可以计算电极材料的晶体结构、电子结构以及锂离子在其中的扩散行为，为开发高容量、长寿命的锂离子电池电极材料提供理论支持。

VASP 软件采用周期性边界条件（或超原胞模型），能够高效处理原子、分子、团簇、纳米线（或管）、薄膜、晶体、准晶和无定形材料，以及表面体系和固体等几乎涵盖所有类型的材料体系。例如，在研究碳纳米管的电学性质时，其可以构建合适的超原胞模型，利用 VASP 软件准确模拟其电子结构和输运性质。其一是计算结构参数与构型，能够精确计算材料的结构参数，如键长、键角、晶格常数以及原子位置等，通过优化原子构型，得到材料的最稳定结构。以金属晶体为例，VASP 软件可以快速收敛到其具有最低能量的晶格结构。其二是状态方程与力学性质，通过理论计算获取材料的状态方程，进而预测材料在不同压力和温度条件下的力学性质，如体弹性模量和弹性常数等。这对于研究材料在极端条件下的行为以及材料的工程应用具有重要意义，在航空航天领域，对于新型合金材料力学性能的预测有助于筛选出满足特定工况要求的材料。其三是分析电子结构，精确计算材料的电子结构，包括能级、电荷密度分布、能带、电子态密度和 ELF（电子定域函数）等。这些电子结构信息对于理解材料的电学、光学、磁学等性质起着关键作用。比如，通过分析半导体材料的能带结构，可以明确其导电机制和带隙大小，为半导体器件的设计提供理论依据。其四是计算光学性质，基于电子结构计算结果，VASP 软件能够模拟材料的光学性质，如吸收光谱、反射光谱等。在光电器件材料的研究中，这一功能有助于筛选出具有特定光学响应的材料，推动新型光电器件的发展，如高效太阳能电池材料的研发。其五是计算磁学性质，用于研究材料的磁学性质，包括磁矩、磁晶各向异性等。在磁性材料的设计和应用中，准确预测材料的磁学性能对于开发高性能的磁性存储设备、传感器等具有重要指导作用。其六是晶格动力学性质，计算材料的晶格动力学性质，如声子谱等。声子谱反映了材料中原子振动的频率和模式，对于理解材料的热学性质、超导机制等至关重要，在研究高温超导材料时，声子谱的计算有助于揭示超导转变的微观机制。其七是表面体系模拟，擅长表面体系的模拟，如表面重构、表面态和STM（扫描隧道显微镜）模拟等。在多相催化、材料腐蚀等涉及表面过程的研究中，VASP 软件能够深入探究表面原子和电子结构的变化，为理解催化反应机理和腐蚀过程提供微观层面的解释。其八是激发态计算，通过 GW 准粒子修正等方法，VASP 软件还可以计算材料的激发态，这对于研究光激发过程、半导体中的载流子复合等现象具有重要意义，在光催化材料的研究中，激发态的计算有助于理解光生载流子的产生和迁移过程，从而指导光催化材料的性能优化。

3.1.3　VASP 软件的特色功能与技术优势

（1）高效的计算方法

平面波基组与赝势方法：VASP 软件使用平面波基组来描述电子的波函

数，结合电子与离子间相互作用的模守恒赝势（NCPP）、超软赝势（USPP）或投影缀加波（PAW）方法，使得基组尺寸显著减小。描述体材料时，一般每原子所需平面波不超过 100 个，多数情况下每原子 50 个平面波就能得到可靠结果，大大提高了计算效率。

矩阵对角化技术与收敛加速方案：采用高效的矩阵对角化技术求解电子基态，如残余最小化方法与迭代子空间直接反演（RMM-DISS）和分块 Davidson 算法等。在迭代求解过程中，结合 Broyden 和 Pulay 密度混合方案，有效加速自洽循环的收敛，能够快速准确地获得体系的电子结构。

（2）强大的对称性分析功能

VASP 软件包含全功能的对称性代码，可以自动确定任意构型的对称性。这一特性在材料计算中具有重要意义，利用对称性可方便地设定 Monkhorst-Pack 特殊点，用于高效地计算体材料和对称团簇，减少计算量，提高计算精度。

（3）灵活多样的积分方法

在 Brillouin 区的积分计算中，VASP 软件提供了模糊方法或 Blöchl 改进的四面体布点-积分方法。其中，四面体方法通过 Blöchl 校正可去掉线性四面体方法的二次误差，实现更快的 K 点收敛，使得在计算材料的电子结构等性质时，能够在较少的 K 点采样下获得高精度的结果。

（4）良好的并行计算性能

随着计算机硬件技术的发展，并行计算已成为提高计算效率的关键手段。VASP 软件具备良好的并行计算性能，能够充分利用大规模并行计算机集群的计算资源，显著缩短计算时间。在处理大规模复杂材料体系时，通过并行计算可以实现高效的计算模拟，满足科研工作者对于快速获取计算结果的需求。

3.1.4　VASP 软件界面展示

VASP 软件的界面设计简洁明了，主要分为输入文件编辑区域、输出文件查看区域以及一些功能设置按钮等部分。在输入文件编辑区域，用户需要按照特定的格式编写输入文件，详细定义计算体系的原子结构、晶格参数、计算方法、电子结构相关参数等信息（图 3-1）。例如，通过 POSCAR 文件定义原子的种类、坐标以及晶格矢量等；通过 INCAR 文件设置计算所采用的理论方法、收敛标准、对称性相关参数等。

输出文件查看区域则用于显示计算过程中生成的各种输出文件内容，如

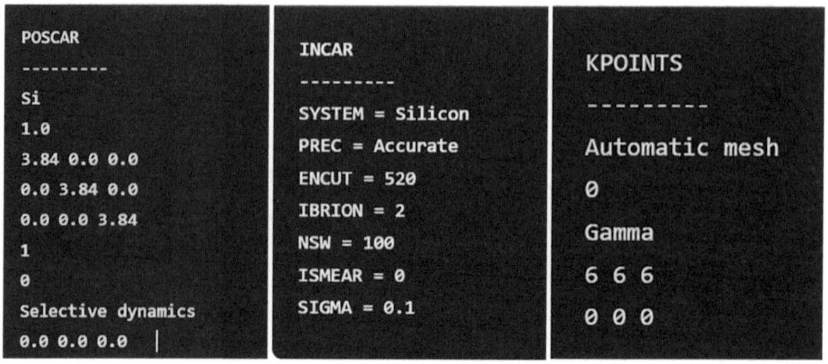

```
POSCAR              INCAR               KPOINTS
---------           ---------           ---------
Si                  SYSTEM = Silicon
1.0                 PREC = Accurate     Automatic mesh
3.84 0.0 0.0        ENCUT = 520
0.0 3.84 0.0        IBRION = 2          0
0.0 0.0 3.84        NSW = 100           Gamma
1                   ISMEAR = 0
0                   SIGMA = 0.1         6 6 6
Selective dynamics
0.0 0.0 0.0  |                          0 0 0
```

图 3-1   VASP 软件中的输入文件示例

OUTCAR 文件记录了计算过程中的详细信息，包括能量收敛情况、原子受力信息等；CONTCAR 文件保存了优化后的原子结构信息；DOSCAR 文件给出了体系的电子态密度信息等。用户可以通过查看这些输出文件，实时了解计算进程和结果。

3.1.5   操作流程

① 构建计算模型。用户需要根据研究对象构建合适的计算模型。这包括确定材料体系的原子种类、数量以及它们的空间排列方式，构建超原胞模型等。例如，对于一个晶体材料，需要准确确定其晶格结构和晶胞参数。

② 编写输入文件。依据构建好的计算模型，在输入文件编辑区域按照 VASP 软件规定的格式编写输入文件。详细设置计算所需的各种参数，如选择合适的理论方法（DFT 或 HF 等）、交换关联泛函类型、K 点网格设置、电子结构计算的收敛标准等。

③ 提交计算任务。完成输入文件编写后，通过功能设置按钮提交计算任务。在提交任务时，用户可以根据计算资源情况设置计算节点数量、CPU 核心数、内存分配等参数，以确保计算任务能够高效运行。

④ 监控计算过程。计算任务提交后，用户可以通过输出文件查看区域实时监控计算过程。观察能量收敛情况、原子受力是否满足收敛标准等信息。如果计算过程中出现问题，如能量不收敛、原子结构不合理等，用户需要返回输入文件编辑区域，调整相应的参数后重新提交计算任务。

⑤ 分析计算结果。当计算任务顺利完成后，用户通过查看各种输出文件，对计算结果进行分析。提取所需的信息，如材料的电子结构、原子结构、力学性质等数据，并结合研究目的进行深入讨论和分析。

3.2　Materials Studio

　　Materials Studio 由 BIOVIA（原 Accelrys）公司开发，旨在为材料科学家提供一个集成的环境，用于构建、分析和优化分子和材料模型。自问世以来，Materials Studio 在材料模拟领域迅速崭露头角，成为众多科研人员和工程师手中的得力工具，被广泛应用于高分子、碳纳米管、催化剂、金属、陶瓷等各种材料的模拟和建模，在全球范围内的许多大学、研究中心和高科技公司中都能看到它的身影。

　　Materials Studio 之所以备受青睐，是因为它打破了传统材料研究的局限，为科研人员提供了一个虚拟的材料实验室。在这个实验室里，科研人员可以在计算机上构建各种材料的三维结构模型，深入探究材料从微观原子到宏观性质的奥秘，而无需耗费大量的时间和资源进行实际实验。这不仅大大缩短了材料研发的周期，还降低了研发成本，使得材料科学的研究更加高效、精准。它就像是一个神奇的"材料预言家"，能够在实际制备材料之前，预测材料的各种性能，帮助科研人员提前筛选出最具潜力的材料方案，为新材料的研发指明方向，极大地推动了材料科学的发展与创新，开启了材料研究的新篇章。

3.2.1　MS 软件的应用领域

（1）催化剂设计与研究

　　MS 软件在催化剂的设计与研究中，扮演着至关重要的角色。在构建催化剂模型方面，可以利用软件轻松搭建各种催化剂的三维结构模型。比如，对于常见的金属催化剂，我们可以精确地设定金属原子的排列方式、晶格参数等，还能添加各种杂质原子或表面缺陷，模拟真实催化剂中的复杂情况。

　　MS 软件中，借助密度泛函理论（DFT）等计算方法，我们能够准确地计算出反应物分子在催化剂表面的吸附能。例如，在研究二氧化碳加氢制甲醇的反应中，通过软件计算二氧化碳和氢气分子在催化剂表面的吸附能，我们可以了解到催化剂对反应物的吸附强弱程度。吸附能的大小直接影响着反应的活性和选择性，如果吸附能过大，反应物分子可能会紧紧地吸附在催化剂表面，难以脱附进行下一步反应；如果吸附能过小，反应物分子与催化剂的相互作用太弱，反应则难以发生。

　　通过模拟化学反应过程中原子的运动轨迹和电子的转移情况，MS 软件可以帮助我们找到最可能的反应路径以及反应过程中的中间体和过渡态。以氨合成反应为例，软件能够清晰地展示氮气和氢气分子在催化剂表面如何逐步反应生成氨气的过程，计算出每一步反应的能量变化和反应能垒。这样，我们就能深入了解反应的机理，找到影响反应速率的关键步骤，从而有针对性地对催化剂进行优化，提高氨的合成效率。

（2）聚合物材料研究

构建聚合物模型是研究聚合物材料的基础，MS软件提供了丰富多样的工具和方法来实现这一目标。科研人员可以根据聚合物的化学组成和结构特点，使用软件中的聚合物构建模块，轻松地创建出各种聚合物分子链模型。例如，对于常见的聚乙烯聚合物，我们可以通过指定乙烯基单体的重复单元数量和连接方式，快速构建出不同长度和结构的聚乙烯分子链。不仅如此，软件还支持构建复杂的共聚物、交联聚合物等模型，满足不同研究需求。就像用分子"积木"搭建出各种奇妙的聚合物结构。

研究聚合物的结构与性能关系是MS软件的核心应用之一。通过分子动力学模拟等方法，软件可以模拟聚合物在不同温度、压力和外力作用下的行为，从而深入研究其结构与性能之间的内在联系。以玻璃化转变温度为例，这是聚合物材料的一个重要性能指标，它标志着聚合物从玻璃态转变为高弹态的温度。借助MS软件，可以模拟聚合物分子链在不同温度下的运动状态，分析分子链的柔性、链段间的相互作用等因素对玻璃化转变温度的影响。通过这种模拟，我们可以预测不同结构的聚合物的玻璃化转变温度，为选择合适的聚合物材料提供依据。

MS软件还能研究聚合物的力学性能，如拉伸强度、弹性模量等。在模拟聚合物受到拉伸力时，软件可以实时观察分子链的取向、断裂等过程，计算出相应的力学性能参数。这对于设计高强度、高韧性的聚合物材料具有重要的指导意义。例如，在汽车制造中，需要使用高强度的聚合物材料来制造车身部件，通过软件的模拟，可以优化聚合物的结构，提高其力学性能，满足汽车工业的需求。

（3）电池材料性能预测

在电池材料中，离子扩散和电子传导是影响电池性能的关键因素，决定着电池的充放电速度和效率。MS软件通过分子动力学模拟和量子力学计算等方法，可以深入研究电池材料中离子和电子的传输机制，模拟它们在材料中的扩散路径和传导过程。以锂离子电池为例，软件可以精确计算锂离子在正极、负极和电解质材料中的扩散系数，分析不同材料结构和化学成分对锂离子扩散的影响。如果锂离子在材料中的扩散速度快，电池就能实现快速充放电；反之，如果扩散速度慢，电池的性能就会受到限制。

通过软件模拟，我们还能了解电子在电池材料中的传导情况，优化材料的电子结构，提高电子传导效率。例如，在研究新型电极材料时，软件可以预测材料的电子能带结构和态密度，帮助我们找到具有合适电子结构的材料，以降低电池的内阻，提高电池的能量转换效率。通过软件预测不同材料的性能，科研人员可以在众多的材料中筛选出最具潜力的电池材料，有针对性地进行实验研究，大大缩短了新型电池材料的研发周期，降低了研发成本。例如，在探索新型钠离子电池材料时，MS 软件可以快速预测各种钠基化合物的离子扩散和电子传导性能，帮助科研人员从大量的候选材料中筛选出少数几种有前景的材料进行进一步研究，提高了研发效率。

（4）药物研发与设计

利用 MS 软件中的分子构建模块，根据疾病靶点的结构和性质，设计出具有特定结构和功能的药物分子。例如，对于某种特定的疾病，其致病蛋白的活性位点具有特定的形状和化学性质，科研人员可以通过软件构建出能够与该活性位点精确结合的药物分子，就像为一把锁量身定制一把钥匙，使药物分子能够准确地作用于靶点，发挥治疗作用。

研究药物分子与靶点的相互作用是药物研发的关键环节，MS 软件在这方面有着独特的优势，能够深入揭示药物分子与靶点之间的相互作用机制。通过分子对接模拟，软件可以预测药物分子与靶点蛋白之间的结合模式和结合亲和力。通过计算结合亲和力，可以了解药物分子与靶点之间相互作用的强弱程度。亲和力越高，说明药物分子与靶点的结合越紧密，药物的疗效可能就越好。

软件还能通过分子动力学模拟，观察药物分子与靶点在动态过程中的相互作用，分析它们之间的构象变化和能量变化。这有助于我们深入理解药物的作用机制，为优化药物分子结构提供依据。例如，在研究抗癌药物时，通过软件模拟药物分子与癌细胞表面受体的相互作用过程，可以发现药物分子在结合过程中的关键构象变化，以及影响结合稳定性的因素，从而对药物分子进行针对性的优化，提高药物的疗效和选择性，减少副作用。

3.2.2 Materials Studio 软件的特色功能与技术优势

（1）多尺度模拟能力

Materials Studio 软件能够从电子、原子到宏观尺度，全方位地对材料进行模拟研究，为我们展现材料世界的全貌。

在电子尺度上，软件借助量子力学方法，深入探究材料中电子的行为和相互作用。比如在研究半导体材料时，它能精确计算电子的能级分布和波函数，让我们清晰地了解半导体的导电机制，为半导体器件的设计提供关键的理论依据。当切换到原子尺度，分子动力学模拟和蒙特卡罗模拟等方法就派上了用场。以金属材料的研究为例，通过分子动力学模拟，我们能够直观地看到金属原子在不同温度和压力下的运动轨迹，仿佛在观看一场微观世界的"原子运动会"。而在介观尺度和宏观尺度上，软件又能通过粗粒化模型和连续介质模型等，研究材料的宏观性能和结构演变。

（2）集成化的建模环境

Materials Studio 软件拥有一套强大的建模工具，能够帮助科研人员轻松构建各种复杂的材料模型。在构建分子模型时，软件提供了丰富的元素库和化学键工具，科研人员只需像搭积木一样，选择合适的原子和化学键，就能快速搭建出各种有机分子和无机分子的结构。还可以根据晶体的对称性和晶格参数，自动生成各种晶体结构，无论是简单的立方晶体，还是复杂的多晶体系，都能轻松应对。而且，软件还支持对晶体缺陷和杂质的建模，让我们能够研究真实晶体中存在的各种复杂情况。

（3）强大的分析功能

Materials Studio 软件的可视化与分析功能，就像为我们打开了一扇通往材料微观世界的窗户，让我们能够直观地观察和理解模拟结果（图 3-2）。

图 3-2　Materials Studio 功能模块和可视化

软件提供了丰富多样的可视化工具，能够将抽象的模拟数据转化为直观的图像和动画。在研究分子结构时，我们可以通过三维可视化工具，清晰地看到分子的立体结构，不同原子之间的相对位置一目了然。而且，软件还支持对分子轨道、电荷密度等物理量的可视化，帮助我们深入了解分子的电子结构。在分析模拟结果方面，也具备强大的数据分析工具，能够对模拟得到的数据进行各种统计和分析。软件还支持对模拟结果进行对比分析，方便我们研究不同条件下材料性能的变化。

（4）高效的优化算法

Materials Studio 软件在计算性能方面表现卓越，能够快速、准确地完成各种复杂的计算任务。为了提高计算效率，软件采用了一系列先进的优化算法。在量子力学计算中，通过对积分算法和矩阵运算的优化，大大减少了计算量，使得复杂体系的电子结构计算能够快速完成。它支持在多核 CPU 和 GPU 上进行并行计算，将计算任务分解为多个子任务，分配到不同的计算核心上同时执行。软件还具备良好的扩展性，能够根据计算任务的需求，灵活地调整计算资源的分配。无论是小型的科研项目，还是大规模的工业应用，都能充分发挥其计算性能优势，为科研人员和工程师提供高效的计算服务。

随着科技的飞速发展，MS 软件也在不断演进，展现出令人期待的未来发展趋势。在人工智能（AI）和机器学习（ML）技术蓬勃发展的大背景下，MS 与这些前沿技术的融合将成为其未来发展的重要方向，它将在不断地技术创新中，为材料科学研究和工业生产带来更多的惊喜和突破，推动材料科学领域向更高水平发展。

3.3　Gaussian

Gaussian 软件自 1970 年由诺贝尔奖得主约翰·波普（John Pople）教授团队开发以来，是一款广泛应用于量子化学领域的计算工具，其主要功能是帮助科学家研究和预测分子的性质及其反应过程。借助 Gaussian，研究人员能够对分子进行精准的建模和能量计算，深入了解它们在化学反应中的行为。Gaussian 的核心原理基于量子力学，通过求解薛定谔方程，它可以揭示分子的几何结构、能量变化及其与其他分子相互作用的细节。这款软件的吸引力在于其多样的计算方法，包括自洽场（SCF）和密度泛函理论（DFT），这让用户能够根据具体的研究需求进行灵活选择。此外，Gaussian 的用户界面友好，既支持新手操作，又满足专家的高效需求，使得复杂的计算变得直观易懂。

3.3.1　Gaussian 软件的应用领域

Gaussian 软件的应用领域横跨化学、材料科学、生物医学、环境科学等多个学科，其基于量子化学的计算能力为不同研究领域提供了从分子结构解析到宏观性能预测的全链条支持。

在药物化学与制药工业中，Gaussian 是药物分子设计的核心工具。通过计算分子的三维构象、静电势分布及与生物靶点的结合能，研究者可模拟药物与受体（如酶、蛋白质）的相互作用模式，筛选高亲和力的候选化合物。例如，在抗恶性肿瘤药物开发中，Gaussian可预测小分子抑制剂与肿瘤相关蛋白活性位点的氢键、疏水相互作用强度，辅助优化分子结构以增强药效。此外，软件支持模拟药物代谢过程中的关键化学反应（如细胞色素P450催化的氧化反应），通过计算过渡态能量评估代谢稳定性，减少潜在的药物-药物相互作用风险。

在材料科学与能源研究领域，Gaussian助力新型功能材料的理性设计。对于电池材料，软件可计算电极材料的锂离子/钠离子扩散能垒、电子电导率及界面反应热力学，指导高容量、长循环寿命电极的开发。例如，在锂硫电池研究中，通过模拟多硫化物在不同宿主材料表面的吸附能，筛选出抑制"穿梭效应"的二维材料（如MXenes）。在光催化材料领域，Gaussian通过计算半导体的能带结构、激子分离效率，优化钙钛矿材料的组分（如甲脒铅碘体系中的卤素掺杂），提升太阳能-化学能转换效率。此外，软件对固态电解质离子传导路径的模拟，为全固态电池的界面阻抗优化提供了理论依据。

在化学反应机理与催化研究中，通过计算反应势能面，可定位中间体与过渡态结构、量化反应活化能，解析催化剂（如贵金属纳米颗粒、金属有机框架）的作用机制。例如，在烯烃复分解反应中，Gaussian证实了Grubbs催化剂中金属卡宾中间体的双齿配位模式，为催化剂的配体优化提供了关键 insight。对于光化学反应，软件支持激发态计算（如单重态-三重态跃迁能），解释光催化降解污染物的自由基生成路径，助力环境治理技术的革新。

在生物大分子与化学生物学领域，Gaussian与分子动力学（MD）模拟结合，可研究蛋白质-配体复合物的动态行为。通过计算氨基酸残基与小分子的结合自由能（如利用分子力学-泊松玻尔兹曼表面积法MM-PBSA），量化生物识别过程的热力学贡献。

在环境科学与绿色化学中，Gaussian用于评估化学污染物的环境行为与毒性。通过计算有机污染物的前线分子轨道能量（如最高占据轨道HOMO与最低未占据轨道LUMO能级差），预测其光解反应活性。模拟重金属离子（如Hg^{2+}、Cd^{2+}）与生物配体（如疏基、羧基）的配位结构，量化毒性机制。

Gaussian的跨学科应用彰显了其作为通用量子化学平台的强大兼容性。从微观分子轨道到宏观材料性能，从基础理论研究到工业应用开发，其计算结果不仅提供机理解释，更直接指导实验设计，成为现代科学研究中理论与实践结合的典范工具。

3.3.2　Gaussian软件的特色功能与技术优势

在理论方法的全面性与先进性方面，Gaussian构建了覆盖基础到高阶的量子化学方法体系。其核心模块支持从 Hartree-Fock（HF）方法到密度泛函理论（DFT）的全谱系计算，内置超过 20 种交换关联泛函（如 B3LYP、ωB97X-V），可针对不同体系优化计算精度与效率。

Gaussian 采用命令行界面，用户需要编写特定的输入文件来设置计算参数和任务，这对用户的编程基础和量子化学知识要求较高。对于初学者来说，掌握 Gaussian 的使用方法可能需要花费较多的时间和精力。

GaussView 图形界面支持分子结构的交互式搭建与参数设置，用户可通过拖拽原子、导入 PubChem 数据库结构或直接绘制化学方程式快速建立计算模型。软件内置的"任务模板"功能提供预定义的计算流程（如结构优化-频率分析-热力学性质计算），即使初学者也能通过向导式操作完成复杂计算。对于高通量筛选任务，Gaussian 支持 Python 脚本编程与 Batch 批量提交，可自动生成数百个同分异构体的输入文件并执行计算，结合内置的能量过滤算法，快速识别热力学稳定构象。

多学科兼容性与数据可视化能力拓展了 Gaussian 的应用边界。软件支持与分子动力学（MD）模拟工具（如 Amber、CHARMM）的无缝对接，通过 QM/MM（量子力学/分子力学）方法实现跨尺度研究。可视化模块 GaussView 可生成分子轨道等值面图、静电势分布图及反应势能面动画。

持续的方法创新与社区支持是 Gaussian 保持技术领先的关键。开发团队定期发布新版本（如 Gaussian 16、Gaussian 20），引入最前沿的理论方法（如近年新增的机器学习力场、量子蒙特卡洛模块）。用户社区通过 Gaussian 论坛与学术会议分享计算案例，形成了丰富的应用知识库。

3.3.3 Gaussian 软件的界面

Gaussian 软件的操作界面设计旨在提供用户友好的体验，使得无论是新手还是资深研究人员都能高效地进行分子建模和计算。其界面主要分为几个关键组件，分别是分子建模区、计算设置区、结果展示区以及工具导航栏。在分子建模区，用户可以通过简单的绘图工具直观地构建所需的分子结构。这一部分提供丰富的原子和键类型供用户选择，同时支持对分子结构的实时调整和优化，为用户创造了灵活而直观的建模环境。在计算设置区，用户可以选择计算方法和基组，设置相关的计算参数。Gaussian 支持多种计算方法，包括自洽场（SCF）、密度泛函理论（DFT）等，用户可以根据具体研究需求灵活配置。这一设置区域不仅提供详细的参数选项，还包括实用的说明，帮助用户理解每个参数的作用与影响，降低了误操作的风险，大大提升了使用效率。结果展示区则是在计算完成后，用户查看计算结果的重要依据。Gaussian 能够生成详细的输出文件，包括能量、分子轨道、振动频率等数据，同时提供图形化的结果展示，帮助用户直观理解分子特性（图3-3）。在这一部分，用户可以通过可视化图形如分子轨道图、热力学图、振动模式动画等，深入分析分子的行为和特性，使得结果解读过程更具清晰性和直观性。

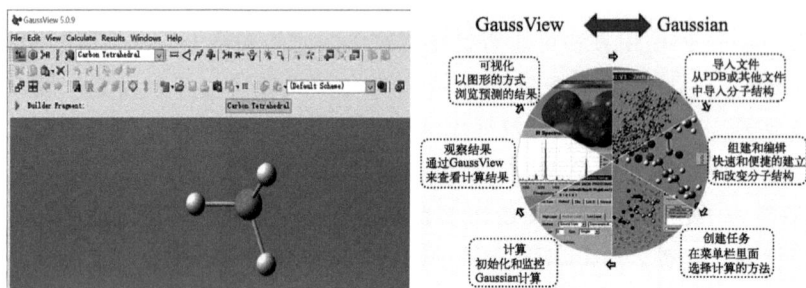

图 3-3   Gaussian 可视化界面

3.4   ANSYS

Ansys 的历史可以追溯至 1970 年，当时 John Swanson 博士在美国宾夕法尼亚州匹兹堡创立了 ANSYS 公司。Swanson 博士最初的目标是创建一种能够用于结构分析的计算机程序，这种程序能够在有限元方法（FEM）的基础上进行复杂的工程计算。在早期发展阶段，Ansys 主要专注于结构力学分析，帮助工程师们解决机械部件的设计和优化问题。随着时间的推移，Ansys 逐渐增加了对其他物理领域的支持，包括流体力学、热传导、电磁场等，成为一款真正的多物理场仿真软件。Ansys 是一款融结构、流体、电场、磁场、声场分析于一体大型通用有限元分析软件；基于有限元分析（FEA）、计算流体力学（CFD）和离散元方法（DEM）的算法框架，将复杂的工程问题分解成更小、更易于管理的单元，通过求解这些单元的物理特性来模拟整个系统的行为。

在随后的几十年里，Ansys 经历了多次重大升级和扩展。1985 年，Ansys 推出了第一个商业版本，这标志着它正式进入市场并开始在全球范围内获得关注。进入 21 世纪后，随着计算机硬件性能大幅提升和数值计算方法不断进步，Ansys 得以实现更加精细和复杂的仿真模型。2006 年发布的 Ansys 11.0 版本引入了新的求解器技术和增强的用户界面，显著提升了软件的计算效率和易用性。除了技术上的革新，Ansys 还通过一系列战略并购来拓展其业务范围和增强技术实力；2008 年收购 Fluent 公司，使 Ansys 在计算流体力学（CFD）领域占据了领先地位；2011 年收购 Apache Design Solutions，进一步增强了其在电子设计自动化（EDA）方面的竞争力。近年来，Ansys 继续致力于前沿技术的研发，如人工智能（AI）、机器学习（ML）和云计算，以推动仿真技术的智能化和高效化。

3.4.1 Ansys 的主要核心模块

有限元分析是 Ansys 结构仿真的核心方法，其理论依托于变分原理与离散化思想。通过将连续体分割为有限个单元（如四面体、六面体），利用形函数插值描述单元内的物理场分布，将微分方程转化为线性代数方程组求解。Ansys 还集成了功能强大的非线性求解器，包括几何非线性、材料非线性、接触非线性等。在工程实际中，材料屈服、大变形、碰撞冲击等复杂工况屡见不鲜，这些工况往往伴随着高度的非线性特征。Ansys 能够轻松应对各种复杂工况，精确地模拟材料在受力条件下的变形、应力分布及疲劳寿命等关键问题。无论是静态还是动态载荷条件下，结构分析模块都能提供详尽的应力应变结果，适用于机械零部件、建筑结构乃至生物医学器件的设计和优化。

计算流体动力学（CFD）模块作为模拟流体运动与传热现象的关键工具，其核心理论基石是广为人知的 Navier-Stokes 方程。这一方程组犹如一座巍峨的大厦，承载着描述流体运动规律的全部奥秘，精准地刻画了流体在运动过程中速度、压力、温度等物理量之间的复杂相互作用关系。在数值求解 Navier-Stokes 方程的过程中，Ansys 凭借其卓越的技术实力，采用了有限体积法（FVM）这一高效且稳健的数值离散方法。有限体积法将计算域巧妙地划分为众多微小的体积元，这些体积元如同构建复杂流体世界的"积木"。随后，在每个体积元内对控制方程进行积分运算，这一过程犹如在微观尺度上对流体的运动进行"切片式"研究。

Ansys 的 CFD 模块不仅在数值求解方法上独具优势，在物理模型支持方面更是丰富多样，能够应对各种复杂多变的流体问题。在多相流模拟领域，软件提供了多种成熟的多相流模型，如 VOF（流体体积分数）模型、Mixture（混合物）模型和 Eulerian（欧拉）模型等。VOF 模型通过追踪不同流体之间的界面，能够精确模拟气液、液液等两相界面的运动和变形，在自由表面流动、波浪运动等场景中表现出色；Mixture 模型将各相流体视为一种混合物，适用于模拟分散相体积分数较低的多相流动，如气固两相流中的粉尘运动；Eulerian 模型则将每一相流体都视为连续介质，通过求解每一相的连续性方程、动量方程和能量方程，能够处理复杂的多相流动问题，如流化床反应器中的气固两相流动。

Ansys 的 CFD 模块提供了多种湍流模型，以满足不同工程问题的需求。经典的 $k\text{-}\varepsilon$ 模型基于湍流动能 k 和湍流耗散率 ε 两个参数，具有计算效率高、适用范围广的优点，在工程实际中得到了广泛应用；k-ω 模型则考虑了湍流涡黏性的各向异性，在近壁面流动和低雷诺数流动等场景中具有更高的精度；大涡模拟（LES）模型则通过直接模拟大尺度涡旋的运动，对小尺度涡旋进行亚格子模型处理，能够捕捉到湍流中的瞬态流动结构和能量传递过程，为深入研究湍流机理提供了有力工具。

电磁模块基于麦克斯韦方程组，采用有限元法（FEM）或边界元法（BEM）求解电磁场分布。在高频情况下，电磁波的波长较短，电磁场的分布更加复杂，需要采用更加高效的数值计算方法。为此，软件支持矩量法（MoM）与物理光学法（PO）这两种先进的高频电磁仿真技术。在低频情况下，电磁场的分布相对较为缓慢，磁矢势法成为了一种行之有效的数值计算方法。磁矢势法通过引入磁矢势这一辅助物理量，将麦克斯韦方程组转化为关于磁矢势的偏微分方程，然后采用有限元法或其他数值方法进行求解。通过磁矢势法，电磁模块能够精确地模拟变压器、电机等低频电磁设备的磁场分布，计算电感、涡流损耗等关键参数。

Ansys 的核心优势还支持多物理场耦合仿真，主要有流固耦合，模拟风机叶片在气流作用下的振动响应；热结构耦合，计算电子芯片发热导致的热应力分布，优化散热设计以避免热失效；电磁-热-结构耦合，仿真电动汽车电池充放电过程中的电磁场分布、产热特性及结构应力，评估电池安全性与寿命。

为了实现不同物理场之间的动态交互，Ansys 采用了先进的界面插值与数据传递技术。在多物理场耦合仿真过程中，不同物理场之间的边界条件和相互作用关系非常复杂。通过界面插值技术，Ansys 能够将不同物理场在交界面的数据进行精确的插值处理，确保不同物理场之间的数据传递准确无误。同时，数据传递技术能够实现不同物理场之间的实时数据交互，使得各个物理场的仿真计算能够相互协调、同步进行，从而更加真实地模拟实际物理现象，提高仿真结果的准确性和可靠性。

3.4.2 Ansys 的应用领域

Ansys 作为一款功能卓越、性能超群的多物理场仿真软件，宛如一座横跨多个行业与学科的桥梁，将理论与实践紧密相连，为各个领域的创新发展注入了强大动力。其应用领域之广泛，犹如一幅绚丽多彩的画卷，涵盖了机械工程、航空航天、汽车工业、电子与电气工程、能源产业、土木工程与生物医学工程等诸多重要领域，为不同行业的进步与发展提供了坚实的技术支撑（图 3-4）。

在机械工程中被广泛应用于结构分析、疲劳分析、振动分析等关键环节。

图 3-4　Ansys 广泛的应用领域展示

通过先进的有限元分析（FEA）技术，能够深入洞察零部件和结构在不同载荷条件下的复杂行为。无论是承受巨大压力的机械部件，还是经历频繁振动的结构系统，Ansys 都能精准地模拟其受力状态和变形情况。基于这些精确的分析结果，工程师们可以对设计进行针对性的优化，不断提高产品的强度和耐用性，确保机械产品在各种恶劣工况下都能稳定可靠地运行。

　　航空航天领域是人类探索宇宙、追求速度与高度的前沿阵地，Ansys 在这里扮演着至关重要的角色。它涵盖了空气动力学分析、热管理、复合材料分析等多个重要方面，为航空航天工程师们提供了强大的技术工具。在空气动力学分析中，Ansys 能够模拟飞机在不同飞行状态下的气流特性，帮助工程师设计出更高效的飞机机翼，减少空气阻力，提高飞行速度和燃油效率。在热管理方面，它能够精确计算发动机组件和其他关键部件在高温环境下的温度分布，确保设备不会因过热而损坏。对于复合材料分析，Ansys 可以评估复合材料的力学性能和耐久性，为航空航天器选择更合适的材料，保障其在极端条件下的安全运行。

　　汽车工业作为现代工业的重要支柱，对产品的安全性、舒适性和燃油效率有着极高的要求。Ansys 在汽车工业中的应用，通过碰撞模拟，工程师们可以提前预测车辆在碰撞事故中的表现，优化车身结构，提高车辆的安全性能。NVH（噪音、振动与声振粗糙度）分析则有助于降低车辆行驶过程中的噪声和振动，提升乘坐舒适性。动力系统优化功能可以帮助工程师提高发动机的效率和性能，降低燃油消耗，同时加速新车型的开发过程，使汽车制造商能够更快地将符合市场需求的新产品推向市场。

Ansys 凭借其强大的功能，为电子设备的设计提供了电磁兼容性（EMC）分析、信号完整性分析、热管理等一系列解决方案。在 EMC 分析中，它能够检测电子设备之间的电磁干扰问题，确保设备在复杂的电磁环境中正常工作。信号完整性分析则可以优化电路板的设计，提高信号传输的质量和速度。热管理功能对于电子设备的稳定运行至关重要，它能够有效地控制设备的温度，防止因过热而导致性能下降或损坏。这些功能对于确保电路板设计、无线通信产品和电力传输系统的高效性和可靠性起着关键作用。

Ansys 在可再生能源领域的应用，为提高能量转换效率、增强设备耐久性以及评估环境影响提供了有力的技术支持。在风力发电和太阳能发电领域，它能够模拟风力发电机组和太阳能电池板在不同环境条件下的工作状态，优化设备的设计和布局，提高能源转换效率。在核能领域，Ansys 被广泛应用于评估反应堆的安全性及冷却系统的效能，通过精确的模拟和分析，确保核反应堆在各种工况下都能安全稳定地运行，为能源产业的可持续发展提供了保障。

Ansys 在土木工程中，为工程师们提供了建筑结构分析、地震响应模拟、土壤力学研究等强大的工具。通过建筑结构分析，工程师可以评估建筑物在不同荷载作用下的受力情况和变形特征，优化结构设计，提高建筑物的安全性和稳定性。地震响应模拟可以帮助工程师了解建筑物在地震作用下的动力响应，采取相应的抗震措施，减少地震灾害造成的损失。土壤力学研究则有助于工程师深入了解土壤的力学性质，为地基处理和基础设计提供科学依据，确保建筑物和基础设施能够适应各种自然灾害的挑战。

Ansys 在医疗设备设计中的应用日益广泛，为改善人类健康做出了重要贡献。在心脏起搏器、人工关节等医疗器械的设计优化过程中，Ansys 能够模拟器械在人体内的力学环境和生物相容性，帮助工程师设计出更符合人体生理特点的医疗器械，提高其安全性和有效性。同时，Ansys 还可以对人体内流体流动（如血液流动）进行精确模拟，为心血管疾病的研究和治疗提供新的思路和方法，帮助改善治疗效果和患者的生活质量。

3.4.3 Ansys 的技术优势

（1）强大的建模和网格生成能力

Ansys 提供了丰富的建模功能和灵活的网格生成工具，能够快速高效地构建复杂的几何模型并生成高质量的网格。其建模方式包括在 Ansys 中直接建模和在专业造型软件（如 PROE 等）中建模后导入。在建模过程中，遵循尽量简化的原则，如省略螺纹孔等细微结构、对称模型可以取一半分析，以减少计算量。同时，Ansys 的网格生成工具可以根据模型的复杂程度和计算需求，自动生成合适的网格，提高计算精度和效率。

（2）丰富的材料库和物性模型

Ansys 内置了广泛的材料库和物性模型，涵盖了金属材料、聚合物、复合材料等多种材料类型。用户可以根据实际情况选择合适的材料，并精确模拟材料的行为。在模拟金属材料的塑性变形时，Ansys 可以考虑材料的应力-应变关系、硬化规律等因素，使仿真结果更加准确可靠。

（3）多种求解器和分析方法

Ansys 支持多种求解器和分析方法，如有限元法、有限体积法、边界元法等。用户可以根据不同的工程问题和计算需求，选择合适的数值方法进行仿真分析。对于结构分析问题，可以选择有限元法；对于流体动力学问题，可以选择有限体积法。Ansys 还提供了多种分析类型，如线性静力学分析、非线性分析、动力学分析、模态分析等，满足用户在不同场景下的分析需求。

（4）参数化设计和优化功能

Ansys 提供了参数化建模和设计优化的功能，用户可以通过改变参数来优化设计，并使用优化算法寻找最优解。在设计汽车车身时，用户可以将车身的厚度、形状等参数设为变量，通过 Ansys 的优化功能，自动搜索出满足性能要求的最优设计方案。

3.5　ABAQUS

ABAQUS 的历史可以追溯到 20 世纪 70 年代末。最初，ABAQUS 主要用于解决线性静力学问题，但很快便扩展到处理非线性问题，如大变形、塑性流动和接触分析等。这使得 ABAQUS 在处理复杂工程问题方面展现出独特的优势。进入 20 世纪 80 年代，随着计算机硬件性能的提升，ABAQUS 的功能也得到了显著增强。特别是引入了隐式和显式求解器，使用户能够在更短的时间内获得精确的结果。隐式求解器擅长于静态和准静态问题的求解，而显式求解器则在处理高速冲击和爆炸等问题时表现出色。这一时期，ABAQUS 逐渐积累了大量的用户群体，并在学术界和工业界获得了认可。到了 20 世纪 90 年代，ABAQUS 继续扩展其功能模块，增加了对热传导、流体动力学和电磁场的支持，进一步增强了其多物理场耦合能力。特别是在 1995 年发布的版本中，ABAQUS 推出了全新的用户界面，极大地提升了用户体验和操作便捷性。与此同时，ABAQUS 还积极与其他 CAD 软件进行集成，实现了无缝的数据交换，促进了设计与仿真的协同工作流程。进入 21 世纪后，随着全球市场对高性能计算需求的增长，ABAQUS 进行了多次重大升级。2005 年，ABAQUS

发布了 6.5 版本，其中引入了更为高效的并行计算技术和新的材料模型库，使得大规模仿真任务变得更加可行。2009 年，ABAQUS 被达索系统公司收购，成为其 SIMULIA 品牌的一部分。这次并购不仅为 ABAQUS 带来了更多的资源支持，也加速了其在全球市场的推广和发展。

3.5.1　ABAQUS 软件的功能模块

ABAQUS/Standard：是一个通用分析模块，为隐式分析求解器。它能够精确可靠地求解广泛领域的线性和非线性问题，如应力/应变、热传导、质量扩散等问题。该模块拥有丰富的单元类型和材料模型库，提供动态载荷平衡的并行稀疏矩阵求解器、基于域分解的并行迭代求解器等。用户可通过子程序加强处理问题的能力，进行一般过程分析和线性摄动过程分析，并支持多个处理器的并行运算，具有良好的可扩展性。

ABAQUS/Explicit：是进行瞬态动力学分析的有效工具，适用于求解复杂非线性动力学问题和准静态问题。它善于处理接触问题，能自动找出模型中各部件之间的接触对并高效模拟它们之间复杂的接触，还可求解可磨损体之间的接触问题。其单元库是 ABAQUS/Standard 单元库的子集，提供基于域分解的并行计算，但仅能进行一般过程分析。

ABAQUS/CAE：作为前后处理模块，是 ABAQUS 的人机交互界面。它提供了全面的图形用户界面交互工具，方便用户快速高效地进行建模、提交作业、监控运算过程和评价结果。该模块采用基于特征的、参数化建模方法，能够导入和编辑各种商业 CAD 软件中的几何体，具有强大的网格划分功能，可检验所划分网格的质量，并支持多种类型的分析步、边界条件和载荷的设置。

3.5.2　ABAQUS 软件的应用领域

ABAQUS 在热传导分析方面的功能也非常强大。通过精细的网格划分和高效的求解器，ABAQUS 能够模拟稳态和瞬态热传递过程，适用于电子元件散热、核反应堆安全评估、建筑节能设计等领域。结合结构分析模块，ABAQUS 还可以进行多物理场耦合分析。在流体动力学（CFD）方面，ABAQUS 提供了专门的模块来模拟液体和气体的流动行为。尽管传统上 ABAQUS 在结构分析领域更为知名，但它通过与达索系统的 XFlow 模块集成，实现了流体动力学的高效仿真。这对于优化风力发电机叶片设计、改善发动机燃烧效率、研究冷却通道布局等方面具有重要意义。ABAQUS 在电磁场仿真方面也有一定的应用，尽管不如某些专用软件那样深入，但对于涉及电磁兼容性（EMC）测试、无线充电系统优化等场景仍然非常有用。值得一提是，ABAQUS 的多物理场耦合能力是其一大特色。通过将不同物理场的功能模块集成在一个平台上，ABAQUS 实现了跨学科的协同仿真。在电动汽车电池管理系统设计中，需要综合考虑电池的电化学性能、热管理以及结构安全性。这时，ABAQUS 可以同时处理这些不同的物理现象，提供更加真实和准确的模拟结果。这种多物理场耦合不仅能提高仿真的准确性，还能有效缩短研发周期，降低成本。此外，ABAQUS 还支持多种材料模型和失效准则，使其能够模拟各种材料的行为，包括金属、复合材料、橡胶、混凝土等。在土木工程中，ABAQUS 被用于评估混凝土结构在地震作用下的破坏模式；在航空制造业中，ABAQUS 则用于研究先进复合材料的疲劳寿命。这些功能使得ABAQUS 成为了处理复杂材料行为的理想选择。

　　ABAQUS 还提供了丰富的后处理工具，便于用户直观地查看和分析仿真结果。从应力云图、位移矢量到动画演示，ABAQUS 的可视化功能大大提升了用户的理解和决策效率。总的来说，ABAQUS 凭借其丰富而强大的功能模块，为各行业的工程设计和研究提供了全面的支持，极大地促进了技术创新和发展。

3.5.3　ABAQUS 软件未来的发展趋势

　　展望未来，ABAQUS 将继续沿着技术革新的道路前行，重点关注以下几个发展方向：

　　① 人工智能（AI）与机器学习（ML）的融合。随着大数据和计算能力不断提升，ABAQUS 正在积极探索如何将 AI 和 ML 技术融入其仿真平台中，以实现更智能、更自动化的仿真流程。通过训练模型预测复杂物理现象的行为，AI 可以帮助工程师快速识别潜在问题，并提出优化建议，从而大幅提高设计效率。利用机器学习算法，ABAQUS 可以自动调整仿真参数，优化网格划分，甚至预测材料的微观结构演变，为新材料的研发提供支持。

　　② 云计算技术的应用。云计算为 ABAQUS 提供了无限的计算资源和灵活性，允许用户按需访问高性能计算集群，执行大规模仿真任务。这不仅解决了本地计算资源有限的问题，还使得远程协作变得更加便捷。未来，ABAQUS 将进一步深化与各大云服务提供商的合作，推出更加完善的云端解决方案。用户可以通过云平台轻松启动复杂的仿真项目，无需担心硬件限制，同时也能够实时共享和讨论仿真结果，促进团队间的高效合作。

　　③ 随着物联网（IoT）的快速发展，数字孪生（digital twin）概念正逐渐成为现实。ABAQUS 计划利用其强大的仿真能力，构建虚拟世界的"数字孪生"，即通过实时数据反馈和持续更新，模拟物理对象在其整个生命周期中的

行为。这不仅有助于监控设备状态、预测故障，还能优化维护策略，延长设备使用寿命。ABAQUS 还将继续加强与其他 CAD/CAE 软件的集成，打造开放、互通的生态系统。通过 API 接口和标准化的数据格式，实现无缝对接，促进信息共享和协同工作，提高整体工作效率。

④ 为了适应不同行业和用户的多样化需求，ABAQUS 将持续推出定制化解决方案和服务。无论是针对特定行业的专业模块，还是面向中小企业和个人用户的简化版工具，都将为用户提供更为贴合实际需求的选择。针对新能源领域的特殊要求，ABAQUS 可能会推出专门的风电叶片设计模块，内置优化算法和预设材料模型，帮助工程师更快捷地完成设计任务。总之，ABAQUS 软件的未来充满希望，通过不断创新和拓展，它将在推动全球工程仿真技术进步方面发挥更重要的作用。

尽管材料模拟工具已取得显著成就，但其发展仍面临三重挑战：精度、效率与易用性的平衡难题。量子力学计算虽精度极高，但计算成本随原子数量呈指数增长，即使使用超级计算机，也只能处理数千原子的小体系；分子动力学可以模拟更大尺度的系统，却难以准确描述化学键的断裂与形成；而宏观尺度工具虽然高效，但往往依赖经验参数，难以揭示微观机理。此外，许多软件的操作界面复杂，学习曲线陡峭，将非计算机专业的材料科学家拒之门外。针对这些问题，学术界与工业界正从三个方向寻求突破。首先，多尺度建模方法的兴起（如美国加州大学开发的 QUANTUM ESPRESSO 与 LAMMPS 的耦合框架），试图打通不同尺度工具的数据壁垒；其次，机器学习的引入为材料模拟注入新活力——谷歌 DeepMind 开发的 Graph Networks for Materials Exploration（GNOME）系统，通过分析海量材料数据库，能够快速预测未知材料的性能，将筛选效率提升百倍以上；最后，云计算与开源社区的普及（如 Materials Project 平台），正在打破技术壁垒，让全球研究者共享模拟资源与算法成果。

材料模拟软件从最初的简单晶体模型到今天的万亿原子模拟，从孤立的工作站计算到全球协同的云端平台，这些工具不仅加速了科学发现，更重塑了科研工作者的思维方式。当我们用代码构建出纳米级别的虚拟材料时，也在悄然编织着现实世界的未来图景。或许在不远的将来，每一位材料科学家梦想中的超导材料、自修复聚合物或仿生复合材料将从算法中诞生，走进人类的生活。

第4章
功能材料的模拟

在当今科技飞速发展的时代，功能材料作为现代高新技术的重要物质基础，正以前所未有的速度推动着各个领域的变革与进步。在电子信息领域，半导体材料是集成电路、计算机芯片等核心器件的基础，其性能的优劣直接影响着电子产品的运行速度、存储容量和能耗。例如，随着智能手机、平板电脑等移动设备的普及，对高性能半导体材料的需求日益增长。在能源领域，锂离子电池材料的研究对于实现高效、可持续的能源存储和转换至关重要。锂离子电池作为一种重要的储能装置，广泛应用于电动汽车、便携式电子设备等领域，其能量密度、充放电效率和循环寿命等性能的提升依赖于新型电极材料和电解质材料的研发。在航空航天领域，高温合金、复合材料等功能材料具有高强度、低密度、耐高温等优异性能，能够满足飞行器在极端环境下的使用要求，提高飞行器的性能和可靠性。在生物医学领域，生物医用材料如生物陶瓷、生物高分子材料等能够与生物体组织相互作用，用于组织修复、药物载体等方面，为人类健康提供了重要的保障。

传统的功能材料研究主要依赖于实验手段，通过制备不同成分和结构的材料样品，然后对其性能进行测试和分析。这种方法虽然能够获得材料的实际性能数据，但存在一些明显的局限性。首先，实验研究需要进行大量的试错过程，制备和测试材料样品需要耗费大量的时间和资源。其次，实验方法对于材料的微观结构和内部物理化学过程的研究存在一定的困难，难以直接观察和理解材料在原子、分子水平上的行为。此外，一些极端条件下的实验研究，如高温、高压、强磁场等，对实验设备和技术要求较高，实验成本也较大。因此，传统的实验研究方法在探索新材料和优化材料性能方面的效率较低，难以满足现代科技快速发展的需求。随着对功能材料性能要求不断提高，传统的实验研究方法在探索新材料、优化材料性能方面面临着诸多挑战。实验研究往往需要耗费大量的时间、人力和物力资源，而且对于一些微观结构和复杂物理化学过程的研究存在一定的局限性。因此，发展高效、准确的模拟方法来研究功能材料的性能和行为具有重要的理论和实际意义。材料模拟作为一种新兴的研究手段，能够在原子、分子水平上对材料的结构、性能和行为进行深入研究，为功能材料的设计、开发和优化提供重要的理论指导。

4.1 能源材料-氢能

能源是人类社会发展的基石，也是现代工业文明的核心驱动力。自工业革命以来，化石能源（煤炭、石油、天然气）的广泛使用推动了全球经济飞跃式增长，但同时也带来了严峻的资源枯竭与环境问题。根据国际能源署（IEA）的统计，2023 年全球化石能源消费占比仍高达 79%，而由此产生的二氧化碳排放量已突破 370 亿吨，直接导致全球平均气温较工业化前上升 1.2℃。与此同时，全球能源需求仍在持续增长——预计到 2050 年，电力需求将较 2020 年增加 130%，交通与工业领域的能源消耗增幅将超过 60%。在此背景下，构建清洁、高效、可持续的能源体系已成为全球共识，而这一目标的实现高度依赖于能源材料领域的突破性创新。

能源材料是指直接参与能量捕获、转换、存储和利用全链条的功能材料，其性能直接决定了能源技术的效率、成本与可靠性。传统能源技术（如燃煤发电、内燃机）的物理化学过程已接近理论极限，亟须通过材料创新开辟新路径。以光伏发电为例，晶硅太阳能电池的实验室效率已逼近 29.4% 的 Shockley-Queisser 理论极限，但实际量产效率仍徘徊在 22%～24%，且硅基材料的高纯度要求导致生产成本居高不下。相比之下，钙钛矿材料凭借其可溶液加工性、带隙可调性及超高的理论效率（单结 33%，叠层可达 45%），被视为下一代光伏技术的颠覆性候选者。然而，钙钛矿的稳定性缺陷（湿热环境降解、离子迁移）严重制约其商业化进程，这本质上需要从材料化学结构设计、界面工程、封装技术等多维度寻求解决方案。此类案例表明，能源材料的研发已从单一性能优化转向多尺度、多机制的协同调控，其复杂性对基础研究提出了更高要求。

在能量存储领域，锂离子电池的快速发展推动了电动汽车与便携式电子设备的革命，但其能量密度（当前最高约 300 Wh/kg）难以满足长续航需求，而钴、镍等关键金属的资源约束与价格波动进一步加剧了供应链风险。这促使研究者转向钠离子、钾离子等资源丰富的替代体系，例如层状氧化物正极（如 $Na_x MnO_2$）与硬碳负极的组合已实现 160 Wh/kg 的能量密度，接近磷酸铁锂电池水平。另外，固态电池通过用固态电解质替代易燃液态电解质，可将能量密度提升至 500 Wh/kg 以上并彻底解决热失控风险，但其界面阻抗高、循环寿命短的问题亟待突破。这些挑战本质上源于材料本征性质的限制，例如锂枝晶生长与电解质分解的动力学机制、固态电解质与电极材料的界面相容性等，需通过原子级表征与计算模拟揭示深层机理。

氢能源是一种既高效又清洁的二次能源，与化石能源相比，它具有低碳、零污染、可持续等优点，继太阳能、风能等新型能源的大力开发后，氢能作为一种新型的低碳清洁能源被开发。氢能源相比于其他清洁能源的优势在于：第一，具有环保性。氢燃烧之后，只产生水，是零污染能源。第二，具有可再生性。氢能源可以通过许多种方式制备，水与氢气在一定条件下，可以相互转化。第三，具有高能量性。它不仅具有高能量密度，也有高的热值。第四，具有灵活性。它可以以固、液、气三种形态存在，可以用于交通、工业等诸多领域。第五，运输方便。氢能源自身重量轻，可以减少负荷，降低运输成本。恰当地利用氢能源，不仅减少对化石能源等不可再生资源的消耗，还能减少对自然环境的污染，从而使清洁水平提高，继而保护环境（图 4-1）。

柴草 煤炭 石油

天然气 风电光伏 氢能

图 4-1 能源科技发展规律图

氢能作为零碳排放的终极能源载体，其大规模应用同样受制于材料瓶颈。在制氢环节，质子交换膜电解水（PEMWE）需要铱（Ir）、铂（Pt）等贵金属催化剂，而全球铱年产量仅约 7 吨，难以支撑太瓦级绿氢生产。开发非贵金属催化剂（如过渡金属硫化物、单原子 Fe-N-C 材料）成为研究焦点，但其在酸性环境下的稳定性仍落后于商业 IrO_2 催化剂两个数量级。在储氢方面，高压气态储氢存在安全隐患，而低温液态储氢能耗过高，因此固态储氢材料（如镁基合金、金属有机框架 MOFs）备受关注。以 MgH_2 为例，其理论储氢密度（质量分数）达 7.6%，但放氢温度需超过 300℃，且动力学性能较差。通过纳米结构设计（如球磨制备纳米晶）、催化剂掺杂（如 Nb_2O_5）或复合体系构建（如 MgH_2-$LiBH_4$），可显著降低脱氢活化能，但离实际应用仍有距离。这些问题的解决需要材料科学、表面化学、热力学等多学科的深度融合。当前，能源材料研究正呈现出多学科交叉、多尺度协同的创新趋势。在原子尺度，基于密度泛函理论（DFT）的计算材料学可精准预测材料能带结构、离子迁移路径及催化活性位点，加速新型材料的发现。例如，高通量筛选技术已成功指导了新型固态电解质（如 $Li_7La_3Zr_2O_{12}$）的设计。在介观尺度，原位表征技术（如原位透射电镜、同步辐射 X 射线吸收谱）能够实时观测材料在充放电、催化反应中的结构演变，为优化材料性能提供动态视角。在宏观尺度，人工智能与机器学习开始渗透至材料研发全流程——从数据驱动的材料基因组计划到基于数字孪生的制造工艺优化，显著缩短了研发周期。例如，DeepMind 开发的 GNoME 模型已预测出 220 万种稳定晶体结构，其中 380 种被实验验证为潜在锂离子导体。

氢的储运是氢能利用的关键，储氢材料的研发与选择就成为了氢能发展的重要一环。储氢材料是指在特定温度和压力条件下，能够与氢气发生反应，并且能够可逆地吸附和释放氢气的一类材料。氢能源通常以气态的形式存在，具有易燃、易爆、易扩散的特点，所以实际应用在人们在日常生活的储氢材料不仅要可以安全地储存氢能，又要可以安全地释放氢能，同时也要满足成本低、容量大、使用方便等要求。

4.1.1 金属氢化物储氢模拟

金属氢化物储氢材料凭借其通过可逆化学反应实现高容量储氢的特性，成为解决这一难题的重要技术路径。这类材料通过金属与氢原子间的化学键合作用，将氢气以固态形式储存，兼具安全性高、体积储氢密度大等优势，在燃料电池汽车、分布式储能等领域展现出巨大应用潜力。

（1）反应热力学与动力学

金属氢化物的储氢过程基于如下可逆反应：

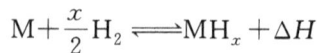

$$M + \frac{x}{2}H_2 \rightleftharpoons MH_x + \Delta H$$

式中，M 代表金属或合金；ΔH 为反应焓变。吸氢过程为放热反应（$\Delta H < 0$），放氢则需吸热。反应平衡受温度（T）、压力（P）及合金成分影响，遵循范特霍夫方程：

$$\ln P = \frac{\Delta H}{RT} - \frac{\Delta S}{R}$$

式中，ΔS 为反应熵变；R 为气体常数。材料的储氢性能需满足热力学平衡压力适中（通常 0.1～10MPa）、反应焓变匹配热管理需求（理想值 -40～ -25kJ/mol H_2）。

（2）典型金属氢化物体系

① 稀土系储氢合金。稀土系储氢合金以镧镍五氢化物（$LaNi_5$）及其衍生合金为代表，其中 $MmNi_5$（Mm 为混合稀土，通常包含 La、Ce、Pr、Nd 等轻稀土元素）因成本优势获得广泛关注，吸放氢曲线如图 4-2。该体系基于 AB_5 型六方晶体结构，A 位稀土元素提供氢吸附活性位点，B 位过渡金属维持晶格稳定性。在热力学特性上，$LaNi_5$ 于室温（298K）下展现出 0.1MPa 的平衡分解压力，对应质量分数 1.4％的储氢量（理论质量分数 1.37％），此压力区间与质子交换膜燃料电池（PEMFC）的工作条件高度匹配。

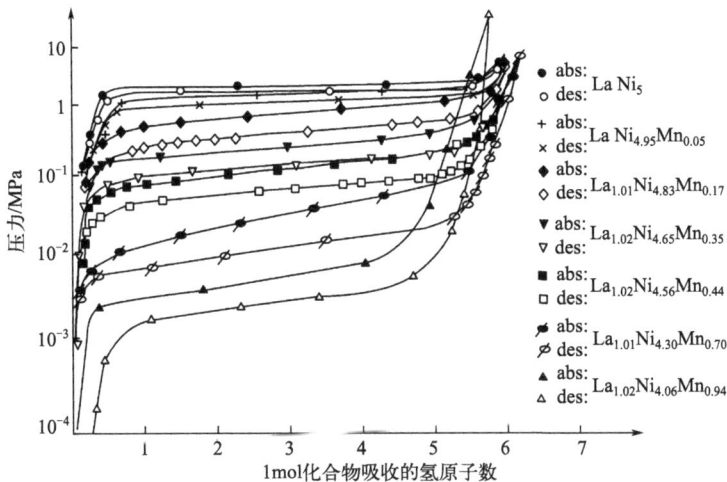

图 4-2　$LaNi_{5-x}Mn_x$ 化合物在 60℃时的等温吸放氢曲线

注：abs—吸氢；des—放氢。

其吸氢过程呈现典型的两步相变机制：首先形成 β 相（$LaNi_5H_3$），对应氢原子占据晶格八面体间隙；进一步吸氢生成 γ 相（$LaNi_5H_6$），氢原子填充四面体间隙，伴随晶格参数 a 轴与 c 轴分别膨胀 10.7％与 1.5％，总体体积膨胀率达 12％。该相变过程可通过原位同步辐射 X 射线衍射（SR-XRD）精确表征，β→γ 相变区间的压力平台特性确保了吸放氢过程的平稳性。$LaNi_5$ 系合金自 20 世纪 80 年代起主导镍氢电池（Ni-MH）市场，其优异的循环稳定性（超过 1000 次充放电循环）与抗过充放能力奠定了商业化基础。尽管近年来受锂离子电池冲击，该材料仍作为小型便携式燃料电池系统（如无人机电源、移动储能设备）的主流储氢载体，其动力学优势（吸氢速率可达 0.5％/min）可有效匹配瞬时功率需求。

② 钛系储氢合金。钛铁基合金（TiFe）及其改性体系（如 $TiFe_{0.9}Mn_{0.1}$）以 AB 型立方结构为特征，理论储氢量（质量分数）达 1.8%（对应化学式 $TiFeH_1$），成本仅为 $LaNi_5$ 的 1/3，具备显著的经济性潜力。然而，该材料表面天然形成的 TiO_2 钝化层导致初始活化障碍，需在 300～400℃、3～5MPa 氢压下进行预活化处理以打破氧化膜，这一工艺要求限制了其规模化应用。

针对活化难题，当前研究聚焦于微观结构调控与表面工程技术。机械球磨掺杂（如添加 V、Cr 元素）可引入晶格缺陷，将活化温度降至 200℃以下；物理气相沉积（PVD）镀 Pd 或化学镀 Ni 技术通过构筑催化活性界面，使氢原子扩散势垒从 1.2eV 降至 0.6eV，显著提升动力学性能。改性后的 TiFe 基合金在 80℃下实现 0.8%/h 的放氢速率，循环 500 次后容量保持率达 85%，逐步接近实用化标准。

③ 镁系储氢合金。镁基储氢材料以其超高理论储氢密度（MgH_2 质量分数为 7.6%，Mg_2NiH_4 质量分数为 3.6%）与镁资源的地壳丰富性（质量分数 2.3%）成为氢能存储领域的研究热点。然而，Mg—H 键的强共价特性（键能 75kJ/mol H_2）导致吸放氢反应温度高达 300～400℃，且动力学过程受限于氢原子在密排六方（hcp）晶格中的缓慢扩散（扩散激活能 0.6～1.0eV）。

近年来，纳米结构化与催化改性策略取得突破：通过高能球磨制备纳米晶 MgH_2（平均粒径＜50nm），结合 V、Ti 基合金催化剂（如 Mg-V-Ni 三元体系），可将放氢温度降至 200℃以下，放氢速率提升至 3.2%/min（5min 内）。第一性原理计算表明，V 原子的 d 轨道杂化会有效降低 Mg—H 键解离能至 55kJ/mol H_2。此外，碳纳米管（CNT）复合增强策略可将材料导热系数提升 4 倍，缓解反应过程中的热滞效应，为镁基材料在固态储氢系统中的应用提供可能。镁基材料的氢结合强度受其氢化物生成焓（ΔH）与平衡平台压（P）共同调控。基于第一性原理计算，可对储氢体系的吉布斯自由能（ΔG）及晶格参数进行理论预测，进而通过元素掺杂、多相复合及纳米结构设计等策略优化其热力学行为，实现氢吸附能的精准调控。通过元素掺杂与原子取代两种策略重构镁基体电子结构，例如添加 Ni 或 Al 可降低氢化物的稳定性（ΔH 从 $-75kJ/mol$ 升至 $-60kJ/mol$），从而调控吸/脱氢过程的能量势垒。引入第二相材料（如过渡金属氢化物、碳基载体）可构建异质界面，通过界面电荷转移或协同催化效应改变反应路径（图 4-3）。例如，MgH_2/TiH_2 复合体系在 250℃下的脱氢速率较纯 MgH_2 提升 3 倍，归因于 TiH_2 对 H_2 分子解离的催化作用。借助高能球磨、化学气相沉积等手段将材料维度降至纳米级别（粒径＜100nm），利用尺寸效应与界面缺陷（如晶界、位错）降低相变活化能。研究表明，纳米 Mg 颗粒的吸氢表观活化能可由体相材料的 160kJ/mol 降至 85 kJ/mol。

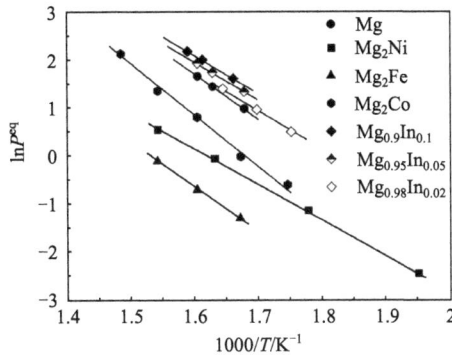

图 4-3　不同镁基储氢材料在 0.1MPa 时的范特霍夫曲线

④ 过渡金属氢化物（Laves 相合金）。Laves 相合金（AB_2 型）是一类由过渡金属（如 Ti、Zr、V）与 B 族元素（如 Mn、Cr、Fe）组成的金属间化合物，其晶体结构遵循拓扑密堆原理，具有典型的 C14（六方）、C15（立方）或 C36（六方）相结构。此类材料因其高储氢容量（1.5%～2.5%）、适中的平台压（0.1～10MPa）及优异的循环稳定性（＞5000 次），被认为是中温储氢（25～150℃）领域的重要候选体系。以 ZrV_2 为例，其氢化物 ZrV_2H_5 在室温下即可实现快速吸氢（$t_{\frac{1}{2}} < 30s$），但氢解离能较高（$\Delta H \approx -45kJ/mol\ H_2$）导致脱氢温度需升至 120℃以上。这一热力学特性源于 Laves 相的电子结构：A 位金属（如 Zr）与氢的强共价键作用，以及 B 位金属（如 V、Mn）对氢扩散通道的调制效应。Laves 相的储氢过程可分为三个阶段：氢分子在合金表面的物理吸附与解离，受表面催化活性（如 Ni/Mo 掺杂）控制；氢原子沿晶界或位错快速扩散至亚表层，形成固溶体（α 相）；氢原子占据四面体或八面体间隙位点，引发晶格膨胀并形成氢化物相（β/γ 相）。

实际应用中面临两大挑战：其一，高成本元素（如 Zr、V）的使用导致材料经济性不足；其二，滞后效应显著（吸氢平台压力比放氢平台高 1～2 个数量级），造成能量损失。最新研究通过元素替代（如 $TiMn_2$ 中部分 Mn 被 Al 取代）与非晶化处理，将滞后系数从 0.8 降至 0.3，同时维持 2.1% 的储氢量。结合热压烧结工艺制备的梯度结构 ZrV_2 基合金，在 －20℃ 低温下仍保持 0.8% 的有效储氢量，为航空航天及极地作业场景提供解决方案。

（3）应用现状

金属氢化物储氢材料凭借其高体积储氢密度、温和操作条件及优异安全性，已在多个领域实现实际应用，但其进一步发展仍受限于热力学与动力学性能的平衡问题。在氢燃料电池汽车领域，钛铁系（$TiFeH_2$）与 Laves 相合金

（如 ZrV_2-Mn 系）因适中的平台压（0.1～5MPa）和快速吸放氢动力学特性（如 $TiFeH_2$ 在 25℃下吸氢速率达 1.5%/min），被用于车载低压储氢系统。例如，丰田公司开发的 TiCrMn 基合金储氢罐体积储氢密度可达 60kg H_2/m^3，显著优于传统 700bar 高压气态储氢罐（约 40kg/m^3），但其质量储氢密度（＜2%）与低温启动性能（需预加热至 80℃以上）仍制约商业化推广。在可再生能源规模化存储与电网调峰领域，镁基氢化物（MgH_2）因高理论容量（7.6%）与放热特性（$\Delta H \approx -75$kJ/mol H_2）受到关注，日本三菱重工已建成 500kg 级 MgH_2 储氢示范系统，通过反应热耦合实现 85%的储能效率，但循环寿命不足（循环 1 次容量衰减率＞1%）和粉化问题亟待解决。

航空航天及特种装备领域对材料的极端环境适应性提出更高要求，钛锰系（如 Ti-Mn-Laves 相）与稀土镁基合金（如 $MmNi_5$，Mm 为混合稀土）因其宽温域稳定性（-40～150℃）与抗冲击性能，被应用于潜艇不依赖空气推进（AIP）系统及卫星氢燃料存储。德国 U212 潜艇采用 Ti-Zr-V-Mn-Fe-Cr 多元合金储氢罐，可在 5000 次循环后仍保持 90%容量，但原材料成本（如 Zr、V）与加工精度限制了大规模部署。便携式氢能设备则倾向于低压稀土系材料（如 $LaNi_5$ 及其 Al、Sn 掺杂改性体系），其低压平台特性（＜2MPa）与即开即用优势适配无人机和小型电源场景，日本 JFE Engineering 开发的 $LaNi_5$ 储氢罐（1.2L 容积）可支持无人机连续飞行 4h，但质量能量密度（1.1%）仍低于锂电体系。

在氢能输运领域，复合金属氢化物（如 $NaAlH_4/TiCl_3$）与纳米限域 MgH_2 通过多相协同效应提升可逆性，挪威 Hydrogenious 公司开发的固态氢运输系统结合液态有机载体（LOHCs）与金属氢化物，储氢密度达 5.5%，运输成本较液氢降低 30%。然而，材料再生能耗高（如 $NaAlH_4$ 再生需 300℃、10MPa H_2）与系统集成复杂度仍是主要瓶颈。前沿探索方向聚焦于材料-器件协同优化，例如表面催化层包覆（Pd/TiO_2 修饰 Laves 相合金）可将脱氢活化能从 98kJ/mol 降至 72kJ/mol，而机器学习辅助成分设计（如高通量筛选低稀土 AB_2 型合金）有望突破资源约束。总体而言，金属氢化物储氢技术正处于从示范应用向规模化推广的关键阶段，其未来突破需兼顾材料本征性能优化与系统工程创新。

4.1.2 配位氢化物储氢模拟

在氢能储运技术体系中，配位氢化物储氢材料以其独特的化学储氢机制与超高理论储氢容量，成为突破传统物理吸附与金属氢化物储氢技术瓶颈的关键方向。这类材料通过金属离子与含氢配体（如氢负离子 H^-）形成配位键实现氢的存储，理论储氢密度可达 $10\% \sim 20\%$（质量分数），远超美国能源部（DOE）2025 年 5.5% 的目标。配位氢化物通常由金属阳离子（如 Li^+、Na^+、Mg^{2+}）与阴离子型氢配体（如 AlH_4^-、BH_4^-）构成离子晶体。典型代表如氢化铝锂（$LiAlH_4$）与硼氢化钠（$NaBH_4$），其晶体结构中金属离子与氢配体通过静电作用形成三维网络。以 $LiAlH_4$ 为例，Al^{3+} 离子与四个 H^- 形成正四面体 $[AlH_4]^-$ 阴离子，Li^+ 离子填充于四面体间隙，构成空间群 $P4_32_12$ 的四方晶系。

（1）反应机制

储氢过程本质上是配位键的断裂与重组：

$$n MH_x + m H_2 \rightleftharpoons M_n H_{nx+2m} + \Delta H$$

以 $LiBH_4$ 为例，其分步脱氢反应为：

$$2LiBH_4 \longrightarrow 2LiH + B_2H_6 (\Delta H = 75kJ/mol\ H_2)$$

该过程伴随显著吸热效应，需外部供热驱动反应正向进行。反应动力学受限于氢配体的解离能（如 $[AlH_4]^-$ 的解离能达 $2.5 \sim 3.0eV$），成为制约实际应用的关键因素。

（2）典型配位氢化物体系

① $LiBH_4$ 与 $NaBH_4$ 体系。硼氢化锂（$LiBH_4$）与硼氢化钠（$NaBH_4$）作为典型离子型硼氢化物，因其高理论储氢容量成为研究焦点。$LiBH_4$ 的理论储氢量达 18%（对应化学计量式 $LiBH_4 \longrightarrow Li + 2H_2 + B$），$NaBH_4$ 则为 10.8%。$LiBH_4$ 的脱氢过程呈现分步特性：在 $300 \sim 400℃$ 范围内，首先释放 2 当量 H_2 形成 LiH 与 B_2H_6 中间体，随后 B_2H_6 进一步分解为单质 B 与 H_2。该过程的不可逆性源于副产物 B 的热力学稳定性。B 单质的生成导致晶格重构，阻断逆向氢化反应路径，其反应焓高达 $75kJ/mol\ H_2$。

为改善可逆性，复合体系策略被广泛研究。$LiBH_4$ 与 MgH_2 的机械球磨复合可形成协同效应：MgH_2 的存在通过固溶体形成降低 $LiBH_4$ 的分解温度，同时 Mg^{2+} 与 $[BH_4]^-$ 的配位作用将反应焓降至 $45kJ/mol\ H_2$。原位 XRD 分析表明，复合体系在 $350℃$ 下经历 $LiBH_4 \longrightarrow LiH + B + H_2$ 与 $MgH_2 \longrightarrow Mg + H_2$ 的耦合反应，生成的 Mg-B 合金相可作为氢扩散通道，显著提升循环性能。

② $Mg(BH_4)_2$ 体系。硼氢化镁 $[Mg(BH_4)_2]$ 凭借 14.9% 的理论储氢量与镁资源的地壳丰富性（质量分数 2.3%）展现出成本优势。其六方晶体结构（空间群 $P6_3/mmc$）中，$[BH_4]^-$ 阴离子与 Mg^{2+} 通过离子键形成三维网络，强 B—H 共价键（键能 $3.8eV$）导致放氢温度高达 $500℃$。

催化改性成为突破动力学瓶颈的关键。球磨引入 Ti 基催化剂（如 TiF_3、

$TiCl_3$）可显著降低反应活化能：TiF_3 表面的 F 空位通过 Lewis 酸-碱相互作用削弱 B—H 键，使放氢起始温度降至 250℃。在 2h 等温脱氢实验中，$Mg(BH_4)_2$-5% TiF_3 体系可释放 10% 氢气，且通过氢化-脱氢循环测试（350℃/5MPa H_2）显示出 82% 的容量保持率。DFT 计算揭示，Ti 原子的 3d 轨道与 B 的 2p 轨道杂化使 $[BH_4]^-$ 解离能从 2.8eV 降至 1.9eV。

③ $LiAlH_4$ 体系。氢化铝锂（$LiAlH_4$）作为最早开发的配位氢化物，以 10.6% 的理论储氢量与 150～200℃ 的低温放氢特性著称。其四方晶体结构（空间群 $P4_32_12$）中，$[AlH_4]^-$ 四面体与 Li^+ 形成紧密堆积，脱氢分两步进行：

$$LiAlH_4 \longrightarrow LiH + Al + 1.5H_2 (\Delta H = 37kJ/mol\ H_2)$$

然而，放氢后生成的 LiH 与 Al 相界面形成扩散势垒（约 1.2eV），阻碍逆向氢化。纳米限域策略通过将 $LiAlH_4$ 负载于介孔 SiO_2（孔径 3～5nm），利用空间限制抑制相分离。TEM 表征显示，限域体系中 LiH 与 Al 的晶粒尺寸维持在 20nm 以下，循环 10 次后储氢容量保持率从块状材料的 45% 提升至 78%。

④ $NaAlH_4$ 体系。硼氢化钠（$NaAlH_4$）因钠资源的低成本（地壳丰度 2.8%）与 5.6% 的可逆储氢量，成为产业化重点。$TiCl_3$ 催化显著改善其动力学：在 120℃、3MPa H_2 条件下，$NaAlH_4$ 经三步氢化反应（$Na_3AlH_6 \longrightarrow NaAlH_4$）实现完全再生。德国 BASF 公司开发的 $NaAlH_4$ 基储氢系统已应用于移动式燃料电池，通过集成微通道热交换器，将系统储氢密度提升至 45g/L（对应 5.1%）。最新研究表明，添加 $MgCl_2$ 形成的 $NaAlH_4$-$MgCl_2$ 共晶体系可进一步降低放氢温度至 90℃，同时抑制 Na_3AlH_6 相变过程中的体积膨胀（从 18% 降至 10%）。

⑤ 氨硼烷及其衍生物。氨硼烷（NH_3BH_3，AB）以 19.6% 的理论储氢量（对应 $NH_3BH_3 \longrightarrow 3H_2 + BN$）与室温固态稳定性备受关注。其脱氢反应分两步进行：

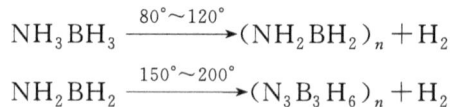

$$NH_3BH_3 \xrightarrow{80°\sim120°} (NH_2BH_2)_n + H_2$$

$$NH_2BH_2 \xrightarrow{150°\sim200°} (N_3B_3H_6)_n + H_2$$

第一步反应受限于 N—H 键解离（活化能 1.8eV），而第二步涉及 B—N 键重排，导致副产物硼氮聚合物 $(NBH)_n$ 的累积。

（3）应用现状

配位氢化物储氢材料（如硼氢化物、铝氢化物及氨基化物）因其高理论储氢容量（5%～20%）和可调控的脱氢路径，在固定式储氢与特殊场景中展现出应用潜力，但其高热力学稳定性与缓慢的吸放氢动力学仍是规模化应用的主要障碍。例如，美国 Millennium Cell 公司开发的 $NaBH_4$ 水解制氢装置可实现按需供氢（产氢速率 $>5L/min$），但其不可逆性与副产物（$NaBO_2$）再生能耗高（$>700℃$）限制了循环经济性。铝氢化物（如 $NaAlH_4$）通过掺杂 Ti 基催化剂（如 $TiCl_3$）实现部分可逆储氢（可逆容量达 5.6%）。德国 Hydrogenics 公司将其集成于燃料电池叉车供氢系统，但脱氢温度（$>150℃$）与循环寿命（<500 次）仍低于商业化阈值。

在高温储氢领域，氨基硼烷（NH_3BH_3）及其衍生物因高氢含量（19.6%）和可控分解特性受到关注，美国太平洋西北国家实验室开发的 NH_3BH_3 热解体系可在催化剂作用下于 120℃ 释放 12% 氢气，但副产物（如聚硼氮烷）的不可逆性与毒性制约了其在密闭环境（如航天器）中的应用。近年来，复合配位氢化物体系（如 $2LiBH_4-MgH_2$）通过多步反应机制将脱氢温度从 350℃ 降至 200℃，同时提升循环稳定性（循环 50 次后容量保持率 $>80\%$），但其界面副反应（如 Li-Mg 合金化）导致容量衰减仍需优化。此外，纳米限域技术（如将 $LiBH_4$ 负载于介孔碳或 MOFs）通过尺寸效应降低脱氢活化能（从 160kJ/mol 降至 95kJ/mol），为低温可逆储氢提供了新思路。

4.1.3　碳基纳米储氢模拟

碳基纳米材料（如碳纳米管、石墨烯、介孔碳）凭借高比表面积、可调控孔隙结构及表面化学特性，成为物理吸附储氢的理想载体。然而，储氢过程中涉及的分子间相互作用、扩散动力学及材料稳定性等微观机制难以通过实验直接观测。计算模拟技术通过原子级建模与数值计算，可精准解析储氢行为的热力学与动力学特征，指导材料结构优化与改性策略设计，已成为连接实验现象与理论认知的核心桥梁。

（1）碳纳米管的储氢机制

碳纳米管是由一层或多层石墨烯片卷曲形成的无缝中空圆柱体，见图 4-4。根据层数的不同，可以分为单壁碳纳米管和多壁碳纳米管。碳纳米管的储氢性能早在 1997 年就已经被研究，在升温储氢的实验中，当温度达到 54.4℃ 时，碳纳米管的储氢容量达到就已达到该重量的 5%～10%。碳纳米管的物理吸附储氢主要依赖范德瓦耳斯力实现氢气分子在管表面或管间间隙的吸附。碳纳米管的比表面积（理论值可达 $1315m^2/g$）和孔道结构是物理吸附的关键因素。单壁碳纳米管（SWCNTs）的中空管状结构形成一维纳米孔道，多层壁之间的间隙（如多壁碳纳米管 MWCNTs）则构成层间微通道，为氢气分子提供大量吸附位点。例如，实验表明 SWCNTs 在 77K 和 1bar 下的储氢量可达 4.2%

（理论计算值），而 MWCNTs 因层间间距较小（约 0.34nm），储氢量略低于 SWCNTs。

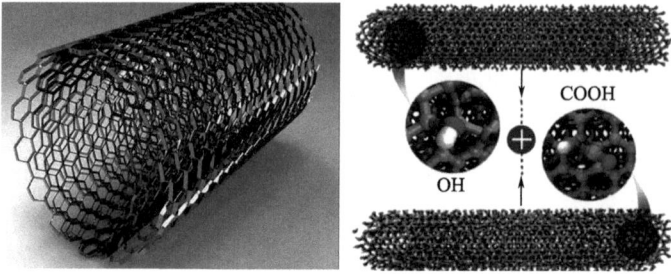

图 4-4　碳纳米管的实际和模拟的示意图

为了提高碳纳米管的储氢性能，掺杂改性是一种常用策略，计算模拟在这方面发挥了重要作用。金属原子掺杂方面，如在碳纳米管中掺杂 Pd、Pt、Ni 等金属原子，DFT 计算表明，金属原子的引入改变了碳纳米管的电子结构，在金属原子周围形成了富电子区域，增强了对氢分子的吸附作用。以镍掺杂为例，镍原子的 d 电子轨道与碳纳米管的 π 电子轨道相互作用，使碳纳米管表面的电子云分布发生变化，产生更多的活性吸附位点，从而提高了氢分子的吸附能和吸附量。非金属原子掺杂，如 N、B、S 等的掺杂研究也较为广泛。以氮掺杂为例，氮原子的电负性与碳原子不同，掺杂后在碳纳米管表面形成电荷分布不均匀的区域，增加了表面活性位点，同时改变了碳纳米管的费米能级，优化了电子结构，有利于氢气的吸附和脱附过程。计算模拟结果与实验数据具有较好的一致性，为实验中选择合适的掺杂元素和掺杂量提供了理论依据。

表面修饰也是改善碳纳米管储氢性能的有效手段，计算模拟可深入研究其修饰机制和效果。通过在碳纳米管表面引入官能团，如羧基（—COOH）、羟基（—OH）等，DFT 计算发现这些官能团可以与氢分子形成氢键或其他弱相互作用，增加氢气的吸附位点和吸附强度。例如，羧基中的氧原子具有较强的电负性，能够吸引氢分子中的氢原子，形成氢键，从而提高储氢性能。此外，在碳纳米管表面负载纳米粒子，如金属氧化物纳米粒子、金属氢化物纳米粒子等，MD 模拟显示负载的纳米粒子可以作为额外的活性位点，促进氢气的吸附和存储，同时改善碳纳米管的电子传导性能，加速氢气在材料内部的扩散和传输。计算模拟还可以通过优化表面修饰的方式和程度，为实验制备提供精确的指导，以实现最佳的储氢性能提升效果。

（2）石墨烯的储氢机制

石墨烯是一种单原子层厚度的二维晶体材料，由碳原子按照六边形蜂巢状排列而成。这种特殊的二维结构赋予了石墨烯极高的比表面积，从而提供了大量的活性位点用于气体吸附（图 4-5）。同时由于其电子结构的独特性，石墨烯表现出优异的导电性和热稳定性，使其成为理想的储氢材料之一。

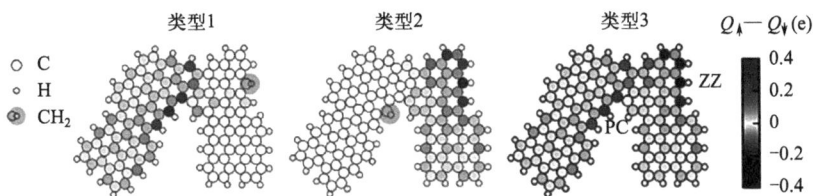

图 4-5　三种结构的石墨烯模拟图

　　DFT 计算表明，在常温常压下，氢分子与单层石墨烯之间主要通过弱范德瓦耳斯力相互作用，吸附能较低，这导致实际储氢容量有限。然而，当考虑石墨烯的缺陷结构时，情况发生变化。通过引入空位、Stone-Wales 缺陷等，缺陷处的碳原子具有不饱和键，电子结构发生改变，对氢分子的吸附作用显著增强。研究发现，含有适量缺陷的石墨烯在一定条件下的储氢量相比完美结构的石墨烯有明显提高。对于少层石墨烯，层间的范德瓦耳斯力以及层间间距对储氢性能有重要影响。MD 模拟显示，合适的层间间距有利于氢分子在层间的吸附和扩散，当层间间距过大或过小时，都会影响氢分子的存储。通过精确控制少层石墨烯的层数和层间结构，有望实现较高的储氢容量。

　　构建石墨烯基复合材料是提高石墨烯储氢性能的重要途径，计算模拟可深入分析其协同储氢机制。将石墨烯与金属有机框架（MOF）材料复合，DFT 计算表明，MOF 材料丰富的孔道结构和活性位点可以提供额外的氢气吸附空间和吸附作用，而石墨烯良好的导电性和二维平面结构有利于电子传输和氢分子的扩散，两者协同作用显著提高了复合材料的储氢性能。在石墨烯表面负载金属纳米粒子（如 Pd、Pt 等）的复合材料研究中，计算模拟显示金属纳米粒子不仅可以作为氢分子的吸附活性中心，还能通过与石墨烯之间的电子相互作用，改变石墨烯的电子结构，进一步增强对氢气的吸附能力。此外，通过模拟不同的复合比例和界面结合方式，可优化复合材料的结构，实现储氢性能的最大化提升。掺杂和功能化是调控石墨烯储氢性能的常用手段，计算模拟为其提供了深入的理论分析。在石墨烯中掺杂 N、B 等非金属原子，DFT 计算揭示了掺杂原子改变石墨烯电子结构的详细机制。氮掺杂后，氮原子周围形成局部的富电子区域，增加了对氢分子的吸附位点和吸附强度；硼掺杂则改变了石墨烯的电荷分布，使石墨烯表面产生更多的正电荷区域，有利于与氢分子发生静电相互作用。在功能化方面，在石墨烯表面接枝含氟、含氮等有机官能团，计算模拟表明这些官能团可以与氢分子形成特定的相互作用，如氢键、静电相互作用等，从而提高储氢性能。同时，功能化还可以改善石墨烯的分散性，防止其团聚，保持材料的高比表面积，进一步促进储氢。计算模拟在指导掺杂原子种类、掺杂量以及功能化方式的选择上具有重要作用，能够为实验制备高性能储氢石墨烯材料提供精准的理论指导。

（3）介孔碳的储氢机制

介孔碳具有规则且可调控的介孔结构，其孔道尺寸、形状和连通性对储氢性能起着关键作用。通过蒙特卡罗模拟结合分子动力学模拟表明，孔径在 2～5nm 范围内的介孔碳对氢气的物理吸附效果最佳，此时孔道表面的范德瓦耳斯力场能够有效作用于氢分子，促进多层吸附的发生。当孔径过小时，氢分子的扩散受限，不利于吸附过程；孔径过大则会减弱孔壁与氢分子之间的相互作用，降低吸附能。对于具有复杂孔道形状（如蠕虫状、笼状等）的介孔碳，计算模拟显示其独特的孔道拓扑结构可以增加氢气的吸附位点和扩散路径，提高储氢容量和动力学性能。介孔碳的孔道连通性也影响着氢气在材料内部的传输效率，良好的连通性有助于氢气快速扩散到材料内部的吸附位点，提升整体储氢性能。

介孔碳的表面性质对其储氢性能有重要影响，计算模拟可用于研究表面性质的调控机制。表面的化学基团，如羟基、羰基等，通过 DFT 计算可知可以与氢分子形成弱相互作用，增加吸附位点和吸附强度。通过表面修饰引入特定的官能团或负载纳米粒子，能够进一步优化介孔碳的储氢性能。在介孔碳表面负载金属氧化物纳米粒子（如 TiO_2、MnO_2 等），MD 模拟显示金属氧化物纳米粒子可以作为额外的活性中心，增强对氢气的吸附作用，还可改善介孔碳的电子传导性能，促进氢气在孔道中的扩散。表面修饰还可以改变介孔碳的表面电荷分布，影响氢分子与材料表面的静电相互作用，从而调节储氢性能。计算模拟能够通过对不同表面修饰方式和修饰程度的模拟分析，为实验制备具有优异储氢性能的介孔碳材料提供详细的设计方案。

将介孔碳与其他具有储氢能力的材料复合，是开发高性能储氢材料的重要策略，计算模拟可深入研究其复合机制和协同效应。与金属有机框架材料复合时，DFT 计算表明，金属有机框架材料的多孔结构和丰富的活性位点与介孔碳的高比表面积和良好的稳定性相互补充，能够显著提高复合材料的储氢容量。在与碳纳米管或石墨烯复合的体系中，MD 模拟显示碳纳米管的一维通道结构和石墨烯的二维平面结构可以为氢气提供额外的扩散路径，与介孔碳的三维孔道结构协同作用，优化氢气在材料内部的传输和存储过程。此外，模拟不同材料的复合比例、界面结合方式以及复合结构的稳定性，能够为实验制备高效介孔碳基复合储氢材料提供理论依据，实现储氢性能的最大化提升。

（4）碳基储氢材料的应用领域

车载储氢系统中，碳纤维复合材料储氢瓶（如 70MPa Ⅳ 型瓶）已成为氢能汽车的主流选择。例如，金博股份研发的碳纤维全缠绕储氢瓶通过优化碳基复合材料的力学性能，使储氢密度提升至 45g/L，较传统金属容器提高 50%；常州融信复合材料有限公司开发的超轻量化储氢瓶应用于氢燃料飞机，储氢重量达 4.5kg，助力航空领域的低碳转型。在燃料电池辅助材料方面，石墨烯基气体扩散层（GDL）和碳纸用于燃料电池双极板，可提升质子传导效率与耐腐蚀性，某企业开发的石墨烯-碳纳米管复合 GDL 可将燃料电池的功率密度提高至 2.5W/cm^2，较传统材料提升 30%。

介孔碳在合成氨、甲醇等化工过程中作为储氢载体，通过物理吸附实现氢气的高效分离与储存。在电网调峰与储能领域，碳基储氢材料与可再生能源耦合，可用于电网负荷调节，如"光伏＋氢能"一体化系统通过碳纳米管阵列储氢，可将弃电转化为氢能储存，实现能源的灵活调配。

活性炭基储氢材料可用于小型燃料电池，为无人机、移动设备提供高能量密度电源，如某企业开发的活性炭-金属有机框架（MOF）复合材料在常温下的储氢量达 3.5%，支持无人机续航时间延长至 2h 以上。此外，石墨烯-金属氢化物复合储氢模块可集成于家庭能源系统，实现氢气的按需存储与释放，满足家庭供暖与供电需求。

4.1.4 有机液体储氢模拟

液态有机氢载体（LOHCs）通过不饱和有机物（如芳烃、烯烃）的加氢反应储氢，脱氢反应释氢，储氢过程仅涉及分子间共价键的断裂与形成，具有储氢密度高（可达 5%～10%）、储运安全（常温常压液态）及可循环利用等优势。典型 LOHCs 体系包括甲苯/甲基环己烷、苯/环己烷、咔唑/十氢咔唑等。然而，LOHCs 的实际应用受限于加氢/脱氢反应的动力学瓶颈（如高活化能、低反应速率）及催化剂稳定性问题。计算模拟技术通过量子化学计算、分子动力学模拟等手段，可从原子尺度解析反应路径、优化催化剂结构、预测溶液中分子行为，成为突破上述瓶颈的核心工具（图 4-6）。

DFT 是研究 LOHCs 加氢/脱氢反应机理的核心方法，通过计算反应活化能、中间体稳定性及电子转移过程，揭示催化作用本质。以甲苯加氢反应为例，DFT 计算表明，在钯（Pd）催化剂表面，甲苯分子首先通过 π 键吸附于 Pd 原子簇，随后氢分子解离为氢原子，逐步加成至苯环形成甲基环己烷。该反应活化能计算得 85kJ/mol，较无催化剂时降低约 120kJ/mol。进一步研究发现，Pd-TiO$_2$ 界面的电子转移（Pd 向 TiO$_2$ 传递 0.3e$^-$）可使活化能再降低

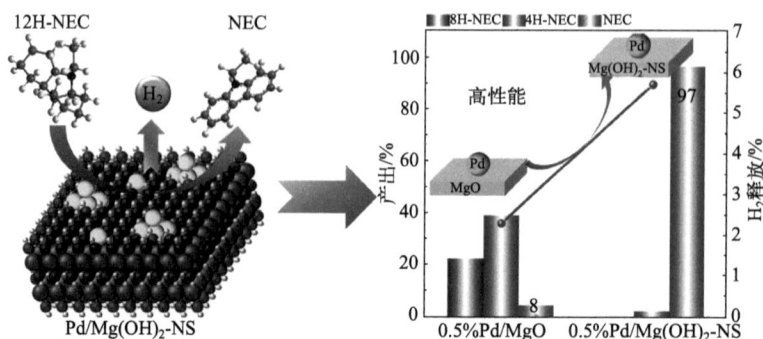

图 4-6　催化剂用于 N-乙基咔唑（NEC）脱氢反应

15kJ/mol，源于 TiO_2 的氧空位增强了 Pd 对氢分子的解离能力。在双功能催化剂设计中，DFT 模拟了金属-酸协同作用机制。例如，Pt-SAPO-34 催化剂中，Pt 位点负责氢分子解离，SAPO-34 的布朗斯特酸位点促进甲苯分子的质子化，二者间距 1.5nm 时反应速率最快，较单一 Pt 催化剂提升 3 倍。对于脱氢反应，DFT 揭示了咔唑脱氢生成氮杂芳烃的路径：十氢咔唑首先在 Ni 基催化剂表面脱除桥头氢，形成中间体 N-环己基咔唑，再经两步脱氢氧化生成咔唑，总活化能为 112kJ/mol。

MD 模拟用于研究 LOHCs 在溶液中的扩散行为及温度/压力对储氢的影响。在甲基环己烷-甲苯体系中，MD 计算得氢分子的扩散系数为 $1.2 \times 10^{-10}\,m^2/s$（298K，0.1MPa），随温度升高至 350K，扩散系数增至 $5.8 \times 10^{-10}\,m^2/s$，表明升温可显著改善传质效率。AIMD 模拟进一步揭示了氢键对 LOHCs 稳定性的影响：在含羟基的 LOHCs（如 4-羟基甲苯）中，分子间氢键使加氢产物的液相黏度提升 20%，但储氢复合物的半衰期延长至 200h，较无氢键体系提高 5 倍。在高压储氢模拟中，MD 结合统计力学计算了氢分子在 LOHCs 中的溶解度。结果表明，在 10MPa、300K 条件下，氢在甲苯中的溶解度达 6.8mol/L，符合 Henry 定律；而当压力超过 20MPa 时，分子间斥力导致溶解度增速放缓，需通过分子设计降低 LOHCs 的分子量以提升高压相容性。

MC 模拟用于预测 LOHCs 体系的相平衡与储氢容量。在苯-环己烷体系中，巨正则蒙特卡罗（GCMC）模拟显示，在 77K、10MPa 条件下，氢分子在苯中的吸附量达 4.5%，接近物理吸附极限；而环己烷因饱和结构，吸附量仅 0.8%，印证了不饱和键对物理储氢的重要性。对于化学储氢，MC 模拟结合反应平衡常数（K）计算了不同温度下的储氢率。例如，甲苯加氢反应在 250℃时 $K=1.2 \times 10^4$，储氢率达 92%；而当温度升至 350℃，K 降至 5.6×10^2，储氢率下降至 78%，表明低温有利于加氢反应（表 4-1）。

表 4-1　环己烷、甲基环己烷和十氢萘的物理化学性质及储氢密度

特性	环己烷	甲基环己烷	十氢萘
熔点/℃	6.5	−126.6	−30.4
沸点/℃	80.74	100.9	185.5
密度/(g/mL)	0.779	0.77	0.896
理论质量储氢密度/%	7.2	6.2	7.3
理论体积储氢密度/(10^{28}mol/m^3)	3.3	2.8	3.8
脱氢产物	苯	甲苯	萘

有机液体储氢材料有着良好的循环寿命，它的储氢成本较高，虽然储氢性能好，但还不利于大规模应用；该储氢材料的环保性和可持续性都很好，有利于碳循环，可以减少对化石燃料的燃烧；它的应用场景具有多样化，在氢能的储运、氢能源车等方面均可应用，但不同领域对其要求有所不同。

4.2　磁性材料

磁性材料是一类能够对外部磁场作出反应并在自身内部形成有序磁矩排列的物质。根据其内部磁矩的排列方式和相互作用，磁性材料主要分为四大类型：顺磁性、铁磁性、反铁磁性和亚铁磁性材料。每种类型都具有独特的磁学性质和相应的微观机制，下面将逐一进行介绍。

① 顺磁性材料在无外加磁场时，内部原子或离子的磁矩是随机取向的，因此不表现出宏观磁性。但在外加磁场的作用下，每个原子或离子的磁矩会趋向于与磁场方向一致，从而产生一定的磁化强度。这种磁化效应通常较弱，且一旦撤除外加磁场，磁矩又会恢复到随机状态。典型的顺磁性材料包括稀土金属和过渡金属氧化物等，它们在低温下可能表现出显著的顺磁性特征。

② 铁磁性材料是最为常见的一类磁性材料，具有自发磁化的能力，即使在外加磁场消失后仍能保持磁性。铁磁性材料的这一特性源于相邻原子间较强的交换耦合作用，使得局部区域内的磁矩平行排列，形成所谓的"磁畴"。在没有外加磁场的情况下，这些磁畴的方向是随机分布的，导致材料整体表现为无磁性。当施加外部磁场时，磁畴会发生转动，使得所有磁矩趋于一致，从而产生强磁化效应。典型的铁磁性材料包括铁、钴和镍等金属，广泛应用于永磁体、电机和变压器等领域。

③ 反铁磁性材料则表现出一种特殊的磁序结构，其中相邻原子的磁矩呈反平行排列，导致整个材料在宏观上没有净磁矩。尽管如此，反铁磁性材料内

部的磁矩排列仍然高度有序，且在特定条件下可以对外部磁场作出响应。反铁磁性材料的这一特性主要由交换相互作用决定，尤其在某些过渡金属化合物中表现得尤为明显。例如，NiO 是一种典型的反铁磁性材料，在低温下其磁矩以反平行的方式排列，而在高温下则转变为顺磁态。

④ 亚铁磁性材料是一类介于铁磁性和反铁磁性之间的特殊磁性材料，其内部的磁矩同样呈现出有序排列。但不同的是，相邻晶格点上的磁矩并非完全平行或反平行，而是存在一定的夹角。这种磁矩排列方式使得亚铁磁性材料在宏观上表现出类似于铁磁性的磁化特性，但其磁化强度相对较低。常见的亚铁磁性材料包括尖晶石型铁氧体（如 Fe_3O_4）和石榴石型铁氧体（如 $Y_3Fe_5O_{12}$）。由于其优异的磁学性能和化学稳定性，亚铁磁性材料在高频器件、磁记录介质等方面有着广泛应用。

为了进一步理解上述磁性材料的微观机制，我们需要借助量子力学和统计物理的理论框架。从量子力学角度来看，材料的磁性源自电子自旋和轨道运动所产生的磁矩。具体而言，每个电子都具有固有的自旋角动量和轨道角动量，这两者共同决定了电子的总磁矩。对于未配对的电子，其自旋磁矩可以在材料中形成有序排列，从而产生宏观磁性。而材料内部磁矩的相互作用则可以通过交换相互作用模型来描述。该模型指出，相邻原子间的电子自旋倾向于平行排列（铁磁性）或反平行排列（反铁磁性），这取决于交换积分的符号和大小。

密度泛函理论（DFT）是一种基于量子力学的计算方法，广泛应用于固体物理和材料科学领域。DFT 的核心思想是将多电子系统的基态能量表示为电子密度的泛函形式，从而简化了复杂的薛定谔方程求解过程。这种方法特别适合描述电子结构和磁学性质，因为它能够准确地计算出材料的电子密度分布、能带结构和态密度等关键参数。在磁性材料研究中，DFT 不仅可以用于预测材料的磁矩大小和方向，还能分析不同元素掺杂或缺陷对磁性的影响。例如，通过 DFT 计算可以揭示铁磁体中不同原子间的交换耦合作用，确定磁性稳定性和居里温度。DFT 还可以结合其他理论模型，如 GGA＋U 方法，来处理强关联电子系统中的复杂问题，提高计算精度。在铁磁材料 Fe 的模拟中，DFT 计算得原子磁矩为 $2.2\mu B$，与实验值（$2.22\mu B$）高度吻合，揭示了 3d 电子的自旋极化本质。对于反铁磁材料 MnO，DFT 结合超胞模型，预测其奈尔温度为 122K，与实验值（118K）误差仅 3.4%，验证了反铁磁耦合机制。通过应力调控，DFT 预测施加 5% 双轴拉伸应变可使 CrI_3 的居里温度从 45K 提升至 68K，为实验制备高温二维磁体提供理论依据。

蒙特卡罗模拟（MC）是一种基于概率论和统计力学的数值计算方法，主要用于研究热力学性质和相变行为。MC 模拟通过随机抽样技术，模拟大量粒子的运动轨迹和相互作用，从而得到系统的平衡态性质。在磁性材料研究中，MC 模拟特别适用于分析材料在不同温度下的磁学行为。MC 模拟还可以用于研究磁畴结构的演化和磁滞回线的形成，这对于理解材料的实际应用性能至关重要。MC 模拟基于 Metropolis 算法，擅长处理磁性材料的统计热力学行为与相变过程。在伊辛（Ising）模型框架下，MC 模拟计算得铁磁材料的居里温度 $T_c = 680K$，与平均场理论值（673K）接近，揭示了临界指数 $\gamma = 1.23$，符合三维 Ising 普适类。对于自旋玻璃体系 $Fe_{0.5}Mn_{0.5}$，MC 模拟结合淬火算法，预测其冻结温度 $T_f = 180K$，与实验测得的磁滞回线展宽起始温度一致。在稀土永磁的时效处理模拟中，MC 模拟了 $Nd_2Fe_{14}B$ 相的形核-生长过程，发现添加 0.5% Ga 可使形核速率提升 3 倍，晶粒尺寸均匀性提高 20%，对应实验中剩磁密度提升 5%。通过引入磁场项，MC 模拟实现了外场下磁畴取向的动态演化，计算得取向度因子从 0.6 提升至 0.85，与取向凝固工艺结果吻合。

　　分子动力学（MD）是一种经典力学方法，用于模拟材料中原子和分子的时间演化过程。MD 模拟基于牛顿运动方程，通过数值积分计算系统中每个粒子的运动轨迹，从而揭示其动态行为。MD 通过牛顿运动方程追踪原子轨迹，适用于研究磁性材料的磁畴动态演化及温度/应力响应。在纳米磁颗粒体系中，MD 模拟显示，当颗粒尺寸从 20nm 减小至 5nm 时，磁畴结构从多畴转变为单畴，矫顽力从 100Oe 提升至 500Oe，符合斯托纳-沃尔法斯（Stoner-Wohl-farth）模型预测。对于稀土永磁 $Nd_2Fe_{14}B$，MD 结合 ReaxFF 力场，模拟了 800℃ 退火过程中的晶粒生长与磁畴粗化，发现晶粒尺寸从 100nm 增至 300nm 时，剩磁密度降低 15%。在磁热效应研究中，MD 模拟了 Fe_3O_4 纳米颗粒的磁矩翻转行为，计算得奈尔（Néel）弛豫时间为 120ns（粒径 10nm），与交流磁化率实验结果一致。通过表面包覆 SiO_2 层，MD 预测颗粒间偶极相互作用减弱，弛豫时间延长至 200ns，为优化磁热治疗效率提供理论指导。

　　选择具体的软件工具时，我们考虑了多种因素，包括计算精度、效率和适用范围。对于 DFT 计算，VASP 和 Quantum Espresso 是两款常用的开源软件，它们都提供了丰富的功能模块，能够精确计算材料的电子结构和能量变化。VASP 以其高效的平面波基组和赝势库著称，特别适合处理周期性体系；而 Quantum Espresso 则采用了全电子方法，适用于研究包含重元素的复杂体系。对于 MC 模拟，Ising 模型和海森堡（Heisenberg）模型是两种经典的模型，可以通过 LAMMPS 或 MATLAB 等平台实现。LAMMPS 支持多种力场模型，可以灵活应对不同的材料体系，特别是在大尺度模拟中表现出色。对于 MD 模拟，LAMMPS 也是一个非常强大的工具，它支持多种经典力场，如嵌入原子势方法（EAM）和紧束缚势（Tersoff 势），能够准确描述材料中原子间的相互作用。

总之，通过合理选择 DFT、MC 和 MD 作为计算模拟的主要方法，并结合先进的软件工具和严格的验证流程，我们能够全面解析磁性材料的微观结构和磁学性质，为其在实际应用中的优化提供坚实的理论基础。这种方法不仅有助于揭示材料的本质特性，也为未来的设计和改进提供了宝贵的指导。

4.3　极端环境材料

4.3.1　高温合金的模拟

高温合金因其在极端高温环境下仍能保持优异的力学性能和抗腐蚀能力，成为航空发动机、燃气轮机以及化工设备等关键领域不可或缺的材料。这些材料通常由镍、钴或铁基体构成，并掺杂有多种强化元素如铬、铝、钛等，以增强其高温强度和抗氧化性。然而，尽管高温合金具有广泛的应用前景，但其研发过程面临诸多挑战。一方面，实验研究往往受限于高昂的成本和复杂的制备工艺；另一方面，传统的理论模型难以精确预测复杂多相体系中的微观结构演变及力学行为。

通过计算模拟，我们可以从原子尺度解析高温合金内部的微观结构，包括晶格缺陷、界面特性以及第二相颗粒分布等，从而揭示其宏观性能背后的机制。例如，密度泛函理论（DFT）可以用于计算合金中各元素间的相互作用及其对电子结构的影响，进而预测材料的力学性能。分子动力学（MD）则能够模拟高温条件下合金中原子的运动轨迹，帮助我们理解其变形行为和失效机制。相场模拟（Phase-Field Simulation）和蒙特卡罗方法（MC）等计算工具也被广泛应用于研究高温合金的相变过程和析出行为，为优化材料设计提供理论支持。

（1）典型高温合金体系

镍基高温合金：目前应用最为广泛的高温合金之一，主要得益于其卓越的高温强度和良好的抗氧化性。镍基高温合金通常含有 $10\% \sim 20\%$ 的铬，以提高其抗氧化能力，同时加入少量的铝和钛，通过固溶强化和沉淀强化机制提升其高温强度。具体来说，当温度升高时，镍基体中的铝和钛会形成细小且均匀分布的 γ' 相 $[Ni_3(Al, Ti)]$，这种有序的金属间化合物相具有极高的屈服强度，显著提升了合金的高温蠕变抗力。镍基合金的模拟聚焦于 γ' 相强化与氧化腐蚀。分子动力学模拟显示，γ' 相的剪切模量随 Al 含量增加（$5\% \sim 8\%$），从 200GPa 升至 280GPa，位错滑移阻力显著增大，见图 4-7。在氧化模拟中，DFT 结合热力学数据，构建了 Ni-Cr-Al 体系的氧化相图，预测在 1100℃、氧分压 10^{-2}Pa 条件下，优先形成 Al_2O_3 保护层，而非易挥发的 CrO_3。针对熔盐腐蚀，MD 模拟了 Na_2SO_4 环境中合金表面的原子扩散行为，发现添加 2％钇（Y）可使硫（S）的渗透深度从 50nm 减至 15nm，源于 Y_2O_3 颗粒对 S 扩散的物理阻隔。

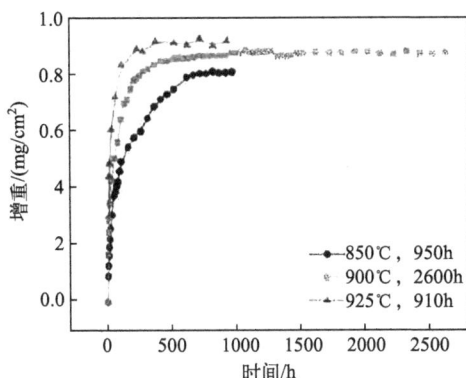

图 4-7　分析动力学模拟镍基高温合金的力学行为

　　钴基高温合金同样具备出色的高温性能，特别是在高温下展现出更高的韧性和抗疲劳性能。钴基高温合金中常加入铬、钨、钼等元素，通过固溶强化和碳化物析出来增强其强度和耐磨性。钴基合金的一个显著特点是其较低的堆垛层错能，这使得它们在高温下表现出优异的延展性和抗裂纹扩展能力。通过有限元模拟研究了钴基高温合金在热加工过程中的动态再结晶行为。模拟结果表明，动态再结晶的启动与变形温度、应变速率密切相关。在高温低应变速率条件下，动态再结晶更易发生，晶粒细化效果显著。CPFEM 模拟显示，合金在 1000℃ 下的蠕变断裂寿命与晶界碳化物（如 $M_{23}C_6$）分布密切相关。优化碳化物分布后，模拟预测寿命提升 20％ 以上，见图 4-8。

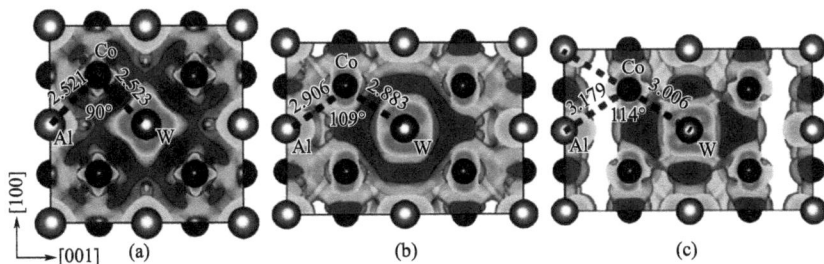

图 4-8　新型 Co_3（Al，W）的结构的多尺度模拟图

铁基高温合金虽然相对较少使用，但在某些特定应用场合仍显示出独特的优势。铁基高温合金通常含有较高的铬含量，以确保其在高温下的抗氧化性和耐腐蚀性。铁基合金中也会添加一定量的镍、钼等元素，以提高其高温强度和韧性。铁基高温合金的一个重要应用领域是核工业，因为它们在高辐射环境下表现出较好的稳定性和可靠性。铁基合金的模拟侧重低成本元素替代与中温强度提升。DFT 计算表明，用锰（Mn）替代部分镍（Ni）（如 Fe-20Ni-15Cr $\longrightarrow$ Fe-15Ni-15Cr-5Mn），磁矩降低 $0.3\mu B$，居里温度从 650℃ 降至 580℃，但合金成本降低 12%。在析出相调控方面，MC 模拟显示，添加 0.5% 铌（Nb）可使 $M_{23}C_6$ 碳化物的形核密度提升 3 倍，平均尺寸从 200nm 细化至 80nm，显著提高晶界强度。对于蠕变行为，FEA 结合位错动力学模型，预测铁基合金在 650℃、100MPa 下的断裂寿命为 5000h，与拉尔森-米勒（Larson-Miller）参数法结果一致。

除了上述高温合金外，近年来新型高温合金的研发也取得了显著进展。例如，氧化物弥散强化（ODS）高温合金通过引入纳米级氧化物颗粒来提高材料的高温强度和抗蠕变性能。这些纳米氧化物颗粒能够在高温下抑制位错运动，从而有效延缓材料的软化和失效。此外，梯度功能材料（FGM）也是高温合金领域的热点研究方向之一，通过在材料内部构建成分和结构上的梯度变化，可以在不同区域实现最佳的力学和热学性能匹配，满足复杂工况的需求。

（2）高温合金未来的发展方向

尽管我们在高温合金的研究中已经取得了初步成果，但仍有许多未解之谜等待我们去探索。未来的研究方向将聚焦于以下几个关键领域：进一步优化高温合金的结构和组成，以提高其高温强度和抗蠕变性能。通过精确控制合成条件，制备出具有特定尺寸、形状和缺陷密度的高温合金样品。探索各种强化元素和复合结构，如稀土元素掺杂和梯度功能材料（FGM），期望通过协同效应进一步提升高温合金的性能。深入研究温度和应力对高温合金性能的影响机制。温度和应力是影响高温合金力学性质的关键因素，但在极端条件下，这些影响的具体机制仍不完全清楚。还应结合机器学习算法，建立力学性能与环境参数之间的定量关系模型，为实际应用提供指导。

通过第一性原理计算和实验相结合的方式，系统研究这些新材料的力学机理，并尝试将其应用于实际器件中。ODS 高温合金由于其内部纳米氧化物颗粒的存在，可以在高温下显著抑制位错运动，表现出优异的抗蠕变性能，还需要解决许多工程和技术难题，如规模化生产、成本控制和安全性评估等，这为未来的高温结构件提供了新的可能性。

4.3.2 高熵合金的模拟

传统金属合金的主要成分仅有一种或两种元素，通过添加其他合金元素改善其性能，常见的有 Fe 基、Al 基、Mg 基合金和金属间化合物 FeAl、AlNi 和 AlTi 二元系统。1990 年，Inoue 等发现一种非晶质合金，虽然在尺寸上有突破，但设计思路仍以一种元素为主。Greer 同意 Inoue 的想法和提议，如果更多的合金元素混合在一起，可能会降低混淆原则。

所谓的高熵合金就是指没有主要元素的合金，极端的例子是各组成元素等摩尔比，也可以是任取几种元素配制，将不相容元素除外，合金的数量可以达到千种。因此高熵合金可以说是多主元合金体系，其合金种类难以计数。"多"指的是至少含有五种不同元素；"主元"指的是每种元素的原子所占比例都在 5%～35%，且没有主次之分；高熵顾名思义指具有较高的混合熵值，熵的值由 Boltzmann 公式 $\Delta S_{conf} = R \ln n$ 计算可得。其中 R 为气体常数，n 为元素种类。熵变的值随着 n 的增加而越来越大，称之为高熵合金。直到 2014 年，大连理工大学材料与工程学院的李教授研究团队提出"共晶高熵"全新的合金设计思想，其具有高熵合金和共晶合金的优点，此研究是前人研究成果的延伸和发展，丰富了高熵合金的理论体系。这一独特设计不仅打破了传统合金依赖于一种或两种主要元素的局限，还赋予了 HEA 优异的力学性能、耐腐蚀性和热稳定性。

从热力学角度来看，系统达到平衡时，吉布斯（Gibbs）自由能 ΔG_{mix} 达到最低。如果混合熵越高，越容易形成 BCC 或 FCC 固溶体。Gibbs 自由能公式为 $\Delta G_{mix} = \Delta H_{mix} - T \Delta S_{mix}$。式中，$\Delta H_{mix}$ 是混合焓；T 是绝对温度；ΔS_{mix} 是混合熵。公式意味着 ΔS_{mix} 值越大，ΔG_{mix} 就越小，系统的稳定性越强，倾向于形成多元的固溶体。在统计热力学中，混乱度和混合熵紧密相关，由 Boltzmann 公式可以计算 n 种等摩尔比元素形成固溶体的混合熵：$\Delta S_{conf} = -k \ln w = -R \ln \dfrac{1}{n} = R \ln n$。如果考虑原子振动、电偶极矩、磁偶极矩等混乱度的正向贡献，混合熵还要更高。由公式看出元素种类越多，混合熵越大，其后果将导致系统的混合熵比形成金属间化合物的熵变还要大，高熵效应会抑制脆性金属间化合物的生成，促进简单的 BCC 和 FCC 结构的形成。随着各种混合元素迁移扩散，产生严重的晶格畸变，当晶格畸变到一定程度后，晶体结构崩溃形成非晶相。在现代工业中，材料性能的需求日益多样化和严格化，传统的合金材料往往难以满足这些需求。例如，在航空航天领域，要求材料具备轻质高强度特性；在能源行业，需要材料具有良好的耐高温和抗腐蚀能力。而

HEAs 凭借其独特的成分和结构优势，能够显著提升材料的综合性能，从而在上述及其他多个领域展现出巨大的应用潜力。此外，由于其多主元特性，HEAs 还表现出优异的抗氧化、耐磨及低温韧性，这使其成为新一代高性能材料的理想选择。

（1）计算模拟在高熵合金研究中的重要性

在高熵合金（HEAs）的研究过程中，计算模拟发挥着不可或缺的作用。由于 HEAs 包含多种不同元素，其原子排列和晶格结构极为复杂，实验手段往往难以全面揭示其内部细节。借助分子动力学（MD）、蒙特卡罗（MC）等模拟方法，研究人员能够在原子尺度上观察到各元素之间的相互作用及其对整体结构的影响。Yeh 等人通过第一性原理计算（DFT），成功预测了多种 HEAs 的晶体结构和电子性质，为后续实验验证提供了理论基础。传统实验方法耗时且成本高昂，尤其在探索大量潜在 HEA 组合时，效率极低。相比之下，计算模拟可以在短时间内评估成千上万种可能的合金配方，快速筛选出具有优良性能的候选材料。如 Miracle 等人利用高通量计算方法，系统地研究了一系列 HEAs 的力学性能，包括硬度、弹性模量和断裂韧性等，显著提高了新材料开发的速度和成功率。通过模拟不同元素配比和加工条件下的材料行为，研究人员可以精确调整合金成分以达到特定性能要求。Gao 等人使用相图计算（CALPHAD）结合机器学习算法，建立了 HEAs 成分与性能之间的关系模型，实现了高效精准的材料设计。此外，计算模拟还可以辅助实验过程，指导制备工艺的选择和改进，减少试错次数，提高研发效率。计算模拟不仅是高熵合金研究的重要工具，更是推动该领域创新发展的关键驱动力。它为理解 HEAs 微观结构、预测性能、优化设计以及解释实验结果提供了强有力的支撑，极大地提升了材料科学研究的整体水平。

（2）第一性原理计算在高熵合金研究中的应用

HEAs 通常包含多种元素，导致其电子结构非常复杂。DFT 计算可以精确描述 HEAs 的电子结构。通过 DFT，研究人员可以获取合金中每个原子的电荷密度分布和局部环境信息，进而分析各元素间的电子-电子相互作用。Guo 等人利用 DFT 计算研究了 FeCoNiCrMnHEA 的电子结构（图 4-9），发现其中某些元素之间存在较强的电子转移现象，这直接影响了合金的力学性能和磁性。这些研究成果为理解 HEAs 的电子行为提供了深刻的见解。

DFT 计算预测 HEAs 的能带结构和态密度：能带结构和态密度是反映材料导电性和其他物理性质的关键参数。通过 DFT 计算，可以准确预测 HEAs 的能带结构和态密度，进而评估其导电性、光学性能以及热电性能等。Tian 等人利用 DFT 计算了 AlxCoCrFeNiHEA 的能带结构和态密度，发现随铝含

量的变化，合金的导电性发生显著变化，这对设计具有良好导电性的 HEAs
具有重要指导意义。

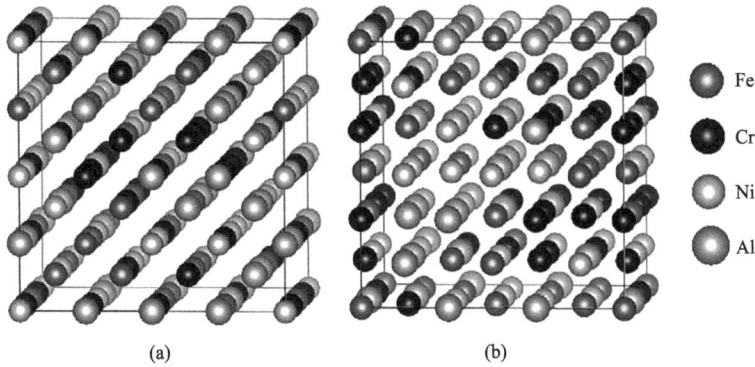

图 4-9　FeCrNiAl 高熵合金模型

DFT 计算预测 HEAs 的相位稳定性和界面行为：相稳定性是决定 HEAs
是否能在特定条件下保持单一相结构的关键因素。通过 DFT 计算，可以计算
不同相的能量差异，进而判断最稳定的相结构。Otto 等人利用 DFT 计算研究
了 FeCoNiCrMn HEA 在不同温度和压力下的相稳定性，发现该合金在室温下
倾向于形成面心立方（FCC）结构，而在高温高压下则可能发生相转变。DFT
计算了 CrMnFeCoNi HEA 的位错滑移阻力，发现多组元固溶导致晶格畸变能
达 0.3eV，较传统不锈钢高 50%，位错运动激活能从 0.8eV 增至 1.2eV。对
于辐照损伤模拟，DFT 预测了 W-Mo-Ta-Nb-V HEA 的空位形成能（3.2eV）
和间隙原子迁移能（1.5eV），表明其抗辐照性能优于纯钨（空位形成能
2.8eV）。

（3）蒙特卡罗模拟在高熵合金研究中的应用

MC 模拟通过构建原子尺度的统计力学模型，引入与材料特性相匹配的势
函数（如嵌入原子法 EAM、改进型嵌入原子法 MEAM 等）及热力学模型
（如吉布斯自由能最小化原则），能够模拟不同温度、压力及成分条件下原子的
随机迁移与相变过程。该方法通过大量随机抽样计算系统自由能，最终绘制出
多维相图，揭示不同成分-温度区间内的稳定相、亚稳相及相变临界点。相较
于实验方法，MC 模拟不仅突破了实验条件的限制，还可预测极端条件下的相
行为，显著降低研发成本与周期。以 Zhang 等人的研究为例，该团队创新性
地将 MC 模拟与相图计算方法深度耦合。首先，通过 MC 模拟在原子尺度上
解析 FeCoNiCrMn 这一典型五元高熵合金的微观结构演化，捕捉不同成分下
原子间相互作用与相变动力学。其次，将 MC 模拟结果作为 CALPHAD 数

据库的输入参数，结合热力学模型优化，最终构建出高精度的相图。研究明确识别了 FeCoNiCrMn 合金在不同成分区间内的稳定相（如面心立方 FCC、体心立方 BCC）及不稳定相，并揭示了相变路径与温度、成分之间的定量关系。

MC 模拟在研究 HEAs 的相变行为方面具有独特的优势：独立或联合调整温度、压力、成分比例等参数，通过动态调整 Al、Co、Cr 等元素占比，揭示成分诱导的相选择机制；借助键长分布函数（PDF）、配位数分析及界面原子分布函数（IDF）等工具，解析原子迁移路径、短程有序化及界面能对相变路径的影响，实现微观机制的原子级解析。Wu 等人以 Al_xCoCrFeNi 合金为模型体系，通过 MC 模拟系统研究了铝含量（$x=0\sim2.0$）对相变行为的影响。研究发现合金以 FCC 相为主，冷却过程中发生 FCC $\longrightarrow$ BCC 的连续转变，BCC 基体中析出有序 B2 相，且冷却速率对 B2 相的体积分数具有显著调控作用。

MC 模拟还可以用于研究 HEAs 中的短程有序（SRO）现象。尽管 HEAs 通常被认为具有较高的无序度，但在某些条件下，特定元素之间可能会出现短程有序现象，这会影响合金的机械性能和热稳定性。MC 模拟通过统计分析不同元素间的邻近关系，可以有效捕捉 SRO 现象。Yang 等人利用 MC 模拟研究了 FeCoNiCrMn 合金中的 SRO 行为，发现铁和锰原子之间存在一定的短程有序趋势，这可能是该合金在某些条件下表现出优异力学性能的原因之一。

（4）分子动力学模拟在高熵合金研究中的应用

分子动力学（MD）模拟通过追踪原子级运动轨迹，为高熵合金（HEAs）在极端条件下的结构演化与扩散机制提供了微观视角。在 NiFeCoCrCu 合金的高温退火模拟中，MD 揭示了 Cu 原子因与基体原子半径差异（达 +15%）引发的相分离行为：Cu 原子从固溶体中析出，形成粒径约 20nm 的纳米级富 Cu 相。这一微观结构演变直接导致合金硬度从 200HV 跃升至 350HV，与实验观测结果高度一致。该研究不仅验证了 MD 在预测相分离路径中的可靠性，更揭示了成分-结构-性能的内在关联。针对熔盐腐蚀等极端环境，MD 结合 ReaxFF 反应力场，模拟了 Na_2SO_4 中 CoCrFeNi 合金的硫渗透行为。研究发现，当 Cr 含量超过 20% 时，Cr_2O_3 氧化层在表面快速形成，其致密结构显著阻碍了 S 原子的扩散路径：渗透深度从 50nm 锐减至 10nm，抗腐蚀性能提升 80%。MD 模拟成功解析了激光粉末床熔融（LPBF）工艺中冷却速率（$10^3\sim10^6$ K/s）对晶粒尺寸的调控规律：当冷却速率达到 10^5 K/s 时，合金形成粒径小于 50nm 的纳米晶结构，屈服强度较传统铸造工艺提升 80%。通过应力松弛模拟，MD 揭示了 HEAs 的超塑性机制：晶界处原子扩散系数（10^{-10} cm^2/s）较晶内高 3 个数量级，使合金在 600℃ 下可实现 500％ 的延伸率。这些研究为增材制造工艺优化提供了原子级调控路径，推动了高熵合金在极端环境下的应用。

（5）多尺度计算方法在高熵合金研究中的应用

多尺度计算方法在高熵合金（HEAs）的研究中发挥着关键作用，结构图如图 4-10 所示。结合不同尺度的计算手段，可以全面解析从微观到宏观的材料行为。具体而言，分子动力学、第一性原理计算、蒙特卡罗模拟等方法各有侧重，但当它们结合起来时，可以互补彼此的不足，提供更加全面和精确的研究成果。结合不同尺度的计算手段，可以全面评估不同成分组合的性能，快速筛选出具有最优性能的合金配方。Liu 等人利用多尺度计算方法，结合 CALPHAD、DFT 和 MD 模拟，研究了几种典型 HEAs 的扩散行为，发现某些 HEAs 在高温下表现出异常高的扩散速率，这与其卓越的高温稳定性密切相关。这种多尺度方法不仅丰富了对 HEAs 扩散行为的理解，也为设计高温稳定的 HEAs 提供了理论支持。多尺度计算方法还可以用于解释复杂的实验结果。模拟相同条件下材料的行为，可以帮助分析实验现象背后的机制，进一步验证理论假设。

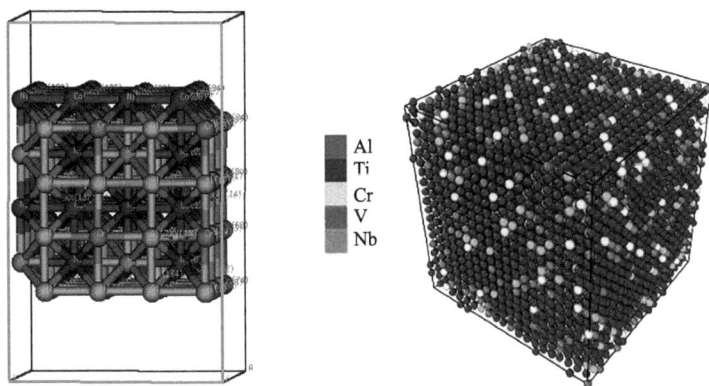

图 4-10　Al-Fe-Cr-Co-Ni 和 Al-Ti-V-Cr-Nb 高熵合金的结构图

未来，随着计算能力不断提升和新算法不断涌现，计算模拟将在 HEAs 研究中扮演更为重要的角色。多尺度计算方法将进一步融合，实现从原子尺度到宏观尺度的无缝对接，提供更为全面和精确的材料性能预测。人工智能（AI）和机器学习（ML）技术的应用也将为 HEAs 研究带来革命性的变化，计算模拟与实验研究的紧密结合将更加紧密，推动 HEAs 从实验室走向实际应用，为解决现实世界中的材料挑战提供全新解决方案。

第5章
高分子材料的模拟

　　高分子材料是由高分子化合物通过共价键连接形成的长链或网状结构有机材料，其分子量通常介于 10^4 至 10^6 之间。这种独特的分子结构赋予了材料优异的物理性能与广泛的化学可调性，使其成为现代工业体系的核心基础材料。人类对高分子材料的认知始于对天然有机材料的利用，如木材、棉麻及天然橡胶等生物质资源的加工与应用。20 世纪合成化学的突破性进展，彻底改变了材料科学的发展轨迹。聚乙烯、聚酰胺等人工合成高分子材料凭借质量轻、耐腐蚀、绝缘性优异及可塑性强等特性，逐步替代传统金属材料，奠定了现代工业体系的物质基础。当前，全球高分子材料年产量以体积计已超越所有金属材料总和，其战略地位在国民经济与国防科技领域日益凸显。

　　在国防军工领域，耐高温聚合物复合材料通过三维网络结构实现热应力的有效分散，构建了极端热环境下的装备防护体系；改性吸波材料基于电磁波能量耗散机制实现动态隐身调控，显著提升了复杂电磁环境下的装备生存能力。在航空航天领域，轻质高强纤维增强树脂基复合材料通过多尺度结构设计，实现了飞行器结构轻量化与承载效率的协同优化；特种弹性体密封材料通过分子链段功能化改性，在真空-辐射耦合环境中保持长期尺寸稳定性，确保了航天器关键部件的可靠运行。在船舶与海洋工程领域，声学功能高分子材料通过构建宽频声波吸收与散射的智能调控网络，实现了水下探测系统的有效屏蔽；仿生防腐涂层基于界面化学调控技术形成致密阻隔屏障，使海洋装备在盐雾腐蚀环境中的服役寿命延长。在新能源交通领域，高机械强度聚合物通过三维交联网络设计突破了电池安全防护瓶颈；纳米纤维互穿网络聚合物隔膜技术有效抑制了电池热失控与短路风险；超高分子量工程塑料通过分子链取向结晶优化，构建了高压储氢容器的可靠承压体系，推动了氢能储运技术的产业化进程。在生物医疗领域，生物相容性高分子通过智能响应性设计实现了药物控释载体与组织工程支架的精准调控；抗菌聚合物基于表面拓扑结构工程抑制了病原微生物黏附与生物膜形成，为医疗器械感染防控提供了创新解决方案。

传统高分子材料研究高度依赖实验技术，通过精细调控聚合物的化学组成与物理结构参数，结合 X 射线衍射、力学试验机等表征手段，建立宏观性能与微观结构的关联。然而，实验研究方法存在显著局限性：其一，研发效率低下，典型材料体系的开发需经历数百次配方优化实验，周期长达数年，导致资源消耗巨大且市场化进程延迟；其二，表征技术的空间分辨率与检测灵敏度受限，难以直接观测高分子链的动态构象变化、分子间相互作用及相转变过程的微观机制，制约了对材料性能调控机制的深入理解；其三，极端环境模拟成本高昂，高温、高压等极端服役条件的研究依赖昂贵实验装置与复杂测试技术，不仅研究成本高企，且实验结果的可靠性难以保证。随着高性能材料需求的指数级增长，传统实验方法已无法满足材料性能快速优化的需求。因此，发展高效、精确的模拟技术成为必然趋势。现代计算材料科学通过多尺度计算方法结合高通量计算与机器学习算法，构建了跨尺度结构-性能关系预测模型。该模型不仅能够解析传统实验手段难以观测的微观机制，还可模拟极端条件下的材料行为，显著提升了材料设计的科学性与实用性，为高分子材料的理性设计与可控制备开辟了全新的技术路径。

5.1　橡胶

橡胶是一类以柔性高分子链为骨架的弹性体材料，其分子链间通过弱范德瓦耳斯力相互作用，赋予分子链优异的构象熵弹性。这种独特的分子结构使其在外力作用下可产生 $300\%\sim1000\%$ 的大应变，并在应力卸载后通过分子链的热运动实现快速恢复，在 $-70℃$ 至 $150℃$ 的宽温域内保持高弹性。根据来源不同，橡胶可分为天然橡胶（natural rubber）和合成橡胶（synthetic rubber）两大类（图 5-1），前者是从自然界含胶植物中提取的一种高弹性物质，后者是用人工合成的方法制得的高分子弹性体，两者在化学组成上的本质差异，直接影响其物理性能、加工特性及应用领域。

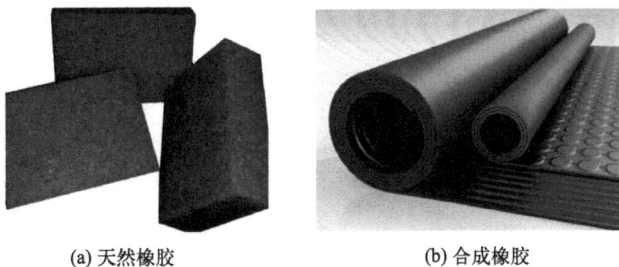

(a) 天然橡胶　　　　　　　　　　(b) 合成橡胶

图 5-1　橡胶

5.1.1 橡胶分类及特性

5.1.1.1 橡胶的分类

（1）天然橡胶

天然橡胶主要提取自巴西橡胶树、橡胶草及橡胶菊等含胶植物。其核心组分为顺-1,4-聚异戊二烯橡胶烃（结构式：$\overset{}{\underset{n}{\left[CH_2-C(CH_3)=CH-CH_2\right]}}$，顺式结构含量超过97%，赋予分子链独特的无规线团构象。这种柔性链段通过弱范德瓦耳斯力相互作用，形成兼具高弹性与低温延展性的网状结构。天然橡胶的分子量分布呈双峰特征，宽分布特性使其在加工过程中兼具优异的流动性与成型后的力学强度。

天然橡胶中除橡胶烃外，还包含水分、灰分、蛋白质、丙酮抽出物等非橡胶成分，这些物质对橡胶性能具有显著影响。水分含量过高会导致生胶贮存过程中发生霉变，并在加工环节引发系列问题：混炼时配合剂易结团且分散不均，压延/压出过程中产生气泡缺陷，硫化阶段可能出现孔洞等结构缺陷。工业实践中，含量低于1%的水分可通过常规加工工艺有效去除。灰分主要由钙、镁、钾、钠、铁、磷等无机盐类组成，其吸湿性特征会降低制品的电绝缘性能。微量铜、锰等变价金属离子的存在会显著催化橡胶老化反应，因此需严格控制此类杂质的含量。蛋白质组分中富含半胱氨酸等含硫基氨基酸，虽可参与硫化交联反应，但残留蛋白质易引发人体过敏反应。此外，蛋白质本身具有防老化特性，去除他们会加速生胶老化进程。该组分易腐败变质导致异味产生，且吸湿性特征同样会影响电绝缘性能。高含量蛋白质还会导致硫化胶硬度升高、生热增加，在医用材料应用中需尽量去除以避免过敏风险。丙酮抽出物主要由脂肪酸、植物固醇及树脂酸构成，其中高级脂肪酸作为硫化活性剂可促进硫化反应并改善胶料塑性；固醇类物质及部分强还原性成分则具备防老化功能。这些非橡胶成分的协同作用对橡胶材料的加工性能与最终使用性能具有重要影响，其含量控制是优化橡胶品质的关键技术环节。

（2）合成橡胶

合成橡胶是人工合成的方法制得的高分子弹性体，具有良好的耐疲劳强度、电绝缘性、耐化学腐蚀性以及耐磨性等。按应用范围的不同可分为通用合成橡胶和特种合成橡胶。凡是性能与天然橡胶相同或相近、广泛用于制造轮胎及其他大量橡胶制品的，称为通用合成橡胶，如丁苯橡胶、顺丁橡胶、氯丁橡胶、丁基橡胶等。凡是具有耐寒耐热、耐油、耐臭氧等特殊性能，用于制造特定条件下使用的橡胶制品称为特种合成橡胶，如丁腈橡胶、硅橡胶、氟橡胶、聚氨酯橡胶等。

丁苯橡胶（SBR）由苯乙烯与丁二烯通过无规自由基聚合制得，其微观结构可通过调节共聚比例实现性能定制。苯乙烯链段形成物理交联点，提升耐磨性，丁二烯链段贡献弹性，使其成为高性能轮胎胎面胶的首选材料。顺丁橡胶（BR）以高顺式-1,4-聚丁二烯为主体结构，分子链规整度赋予其 80% 的回弹性，特别适用于轮胎胎侧部件。氯丁橡胶（CR）由 2-氯-1,3-丁二烯聚合而成，极性氯原子赋予其优异的耐候性和阻燃性，广泛用于耐候密封件及阻燃电缆。丁基橡胶（IIR）由异丁烯与异戊二烯共聚而成，甲基支化结构形成致密堆积，使气体透过率，成为轮胎内衬层的标准材料。丁腈橡胶（NBR）通过丙烯腈与丁二烯共聚引入极性氰基，该功能基团与油类分子的相互作用显著增强耐油性能。硅橡胶（VMQ）主链为聚二甲基硅氧烷，螺旋状分子构型赋予其超宽工作温域和生物相容性，广泛用于医用导管及航空航天密封件。氟橡胶（FKM）是偏氟乙烯（VDF）与六氟丙烯（HFP）共聚物，C—F 键能（485kJ/mol）使其耐化学腐蚀性优异，成为航空发动机密封件的核心材料。

5.1.1.2　橡胶的基本特性

（1）密度

橡胶的密度通常在 $0.9 \sim 1.5 \mathrm{g/cm^3}$ 之间，不同类型的橡胶密度有所差异。这一特性对航空航天等对重量敏感领域具有重要影响，低密度橡胶可有效减轻制品质量，提升设备整体性能与运行效率。

（2）比热容

橡胶的比热容一般在 $1.5 \sim 2.5 \mathrm{kJ/（kg \cdot K）}$ 之间，具体数值因材料种类和配方差异显著变化。比热特性使得橡胶在吸收一定热量时温度升高较小，具有一定的热稳定性。在需要缓冲热量传递的应用中，橡胶可以利用其比热特性减少热量传递，保护周围部件不受高温影响。同时，在橡胶加工过程中，比热容也会影响加热和冷却速度，对生产工艺控制有一定影响。

（3）导电性

橡胶通常具有良好的绝缘性能，是典型的电绝缘体，其导电性非常差。一般情况下，橡胶的电阻率很高，因此常被用作电气领域的绝缘材料。通过引入导电填料（如炭黑、金属粉末）可调控其导电性能，开发抗静电橡胶、电磁屏蔽材料等特殊功能材料。

（4）塑性

橡胶的塑性变形能力有限。橡胶在较小外力作用下，主要表现为弹性变形，当外力去除后能迅速恢复原状；只有在较大的外力或长时间持续受力的情况下，才会出现一定程度的不可逆变形，但这种变形程度通常远小于金属材料。

（5）脆性

橡胶一般具有较好的韧性，脆性较低。在正常使用温度和应力条件下，橡胶能够承受一定的冲击和弯曲而不发生断裂。当环境温度降低到玻璃化转变温度以下时，橡胶会逐渐失去弹性，变得硬而脆，此时脆性显著增加。添加增塑剂或采用特殊的橡胶配方，可以改善橡胶在低温下的脆性，提高其在寒冷环境中的使用性能。

（6）弹性

橡胶具有高弹性，其弹性模量通常处于 $0.1 \sim 10MPa$ 范围内。凭借这种低模量特性，橡胶能够承受较大的拉伸变形而不会发生永久变形或断裂。橡胶的超弹性源于分子链具备可逆伸展和卷曲的能力，外力去除后分子链可迅速恢复初始构象。同时，在不同应变范围内，橡胶表现出不同的弹性模量：小应变时弹性模量较低，大应变时弹性模量升高。

（7）柔韧性

橡胶分子链的高度柔顺性（由范德瓦耳斯力主导的弱相互作用）使其具有优异的柔韧性，可承受复杂弯曲、扭转等变形而不发生断裂，这一特性在柔性密封件、软管等应用中具有重要意义。

（8）拉伸强度

经过适当硫化处理的橡胶能承受较大拉力而不发生断裂。硫化过程中形成的交联网络结构限制了分子链运动，使橡胶在外力作用下能将外力均匀分散到整个网络结构中，从而提高抗拉能力。

（9）耐磨性

橡胶的耐磨性能源于分子链柔顺性与交联网络的协同作用：柔性链段通过分子滑移分散摩擦力，交联网络则防止分子链断裂，这种双重机制使其在摩擦工况下保持稳定性能。

（10）减震性能

橡胶能够吸收和缓冲冲击能量，减少震动对物体的影响。当橡胶受到冲击时，分子链会快速变形和松弛，将冲击能量转化为热能散发出去。同时，橡胶的黏弹性特性使其在不同频率和幅度震动下都能有效发挥作用。

（11）硬度可变性

通过改变橡胶的配方和加工工艺，可以调整橡胶的硬度以满足不同应用需求。橡胶硬度主要取决于分子链的交联密度和分子链长度，增加交联密度会使橡胶变硬，而分子链较长、分子量较大的橡胶相对较软。

（12）黏弹性

橡胶表现出典型的黏弹性特征，其力学响应同时依赖于应变大小和加载速率。在动态加载条件下，橡胶呈现明显的应力松弛和蠕变现象，并在加载-卸载过程中产生显著滞后效应，表现出能量耗散特性。

（13）应变

在恒定应力作用下，橡胶的应变会随时间推移逐渐增加。这是由于分子链在应力作用下会发生缓慢移动和重排，交联网络结构也会逐渐发生变形。

（14）温度敏感性

橡胶的性能显著受温度影响，当环境温度高于转变温度时，材料呈现高弹性状态；低于转变温度时则进入玻璃态，失去弹性而变脆。这种温度敏感性决定了其应用温度窗口，需通过配方优化拓展其使用温度范围。

5.1.2　橡胶的模拟方法

橡胶材料的多尺度结构特征对其模拟技术提出了严苛挑战，需构建涵盖分子、介观、宏观尺度的建模框架以解析跨尺度物理机制。在分子尺度，模拟聚焦于交联网络形成机制及填料-基体界面作用，通过分子动力学方法可量化界面结合能并追踪链构象演变；介观尺度则关注填料分散状态对局部力学行为的影响，非均匀分布导致的应力集中是疲劳失效的关键诱因；宏观模拟需考虑非线性黏弹性本构与复杂工况的耦合，因此动态加载下的应力软化效应需通过连续介质模型进行精确描述。

（1）分子动力学技术

分子动力学（MD）技术已成为研究橡胶材料微观结构与性能的核心工具，其系统化应用依赖于标准化的建模流程、精准的力场匹配、动态平衡控制以及严格的多维度验证体系。

在结构建模阶段，针对线型聚合物链，需通过控制聚合度来消除端基效应对链构象统计的影响，以确保模拟结果能真实反映橡胶材料的本体性质。非晶态结构的构建则依赖于专业软件模块，采用"随机填充-能量最小化"的迭代优化策略。该过程首先通过随机分布算法生成初始构型；其次运用共轭梯度法进行几何优化；最后通过分子动力学退火消除局部应力集中，从而构建出与实际橡胶材料微观结构高度相似的模型，为后续模拟奠定坚实基础。

力场选择是 MD 模拟中的关键环节，需根据研究体系的特性进行精准匹配。对于含氧官能团体系或极性橡胶，需选用包含极化效应或范德瓦耳斯相互作用修正项的力场，以准确描述化学键的断裂与重组过程以及极性基团间的相互作用。正确的力场选择能够显著提升模拟的精度和可靠性。

在平衡模拟阶段，系综的选择和时间步长的优化对模拟效率与结果可靠性具有重要影响。NVT 系综适用于研究恒温条件下的材料性质，通过 Nosé-Hoover 控温器可实现温度涨落；而 NPT 系综则适用于研究恒压恒温条件下的材料行为，采用 Parrinello-Rahman 控压算法可控制体积波动。对于含重元素体系，由于重元素的运动速度相对较慢，需调整时间步长并启用多时间步算法，在保证能量守恒的前提下提升计算效率。

性质计算方面，MD 技术已发展出多种新的标准和方法，用于准确测定橡胶材料的各种性质，如弹性、黏性、扩散性等。通过这些方法，可以深入了解橡胶材料的微观机制与宏观性能之间的关联。

MD 技术在橡胶材料研究中的应用范围广泛，从基础物性预测到复杂工程问题均有涉及。在填料增强方面，MD 技术可以模拟填料与橡胶基体之间的相互作用，研究填料对橡胶性能的影响机制，为优化填料增强橡胶的配方提供理论依据。在共混物相容性方面，MD 技术能够模拟不同橡胶或橡胶与其他高分子材料的共混过程，预测共混物的相分离行为和相容性，有助于开发新型的高性能橡胶共混材料。在极端条件模拟方面，如高温、高压、高应变率等条件下，MD 技术可以模拟橡胶的行为，揭示其在特殊环境下的性能演变规律，为橡胶材料的应用提供重要参考。

（2）有限元方法

有限元方法（FEM）在橡胶材料模拟中发挥着核心作用。在材料本构行为表征方面，通过构建超弹性-黏弹性耦合本构框架，可精确描述高分子材料的复杂非线性力学响应。针对不同化学改性体系，已形成分级化本构模型体系：经典 Mooney-Rivlin 模型适用于未填充橡胶基体中等应变范围的应力-应变关系描述；Yeoh 模型凭借三阶应变能密度函数，在纳米填料增强体系的大变形模拟中表现出更高数值稳定性；Ogden 模型则通过幂级数展开，为各向异性及应变硬化行为提供灵活数学表达。这些模型通过融合单轴拉伸、双轴压缩及平面剪切等实验数据，经参数反演校准，可构建工程适用的材料数字孪生体，支撑复杂载荷下的材料行为预测。

在黏弹性力学行为分析中，有限元框架引入时温等效原理实现时空解耦。动态力学分析模块采用广义 Maxwell 模型与 Prony 级数，构建材料频率依赖性本构关系，通过频域分解技术解析存储模量与损耗模量特性，定量预测交变载荷下的能量耗散机制。该分析体系在汽车悬置系统、轨道交通减振元件等振动控制装置开发中应用广泛，可定量分析结构模态耦合特性，指导质量-刚度拓扑优化，实现目标频段振动衰减。

成型加工工艺模拟是有限元技术在高分子领域的重要应用方向。注射成型 CAE 平台通过多物理场耦合算法，实现充模流动、保压冷却及纤维取向的全流程仿真，建立成型缺陷与工艺参数的定量关系。在增材制造领域，基于生死单元技术的有限元模型可动态模拟材料沉积过程，辅助打印路径规划与工艺参数优化，显著降低试模成本、缩短研发周期。

在高分子基复合材料研究中，有限元方法通过代表性体积单元（RVE）模型，系统揭示微观结构对宏观性能的影响机制。以碳纳米管填充导电高分子材料为例，力-电耦合模拟可解析导电网络在载荷作用下的重构规律，建立电阻-应变定量关系，支撑柔性传感器与结构健康监测系统设计。

产品全生命周期可靠性评估方面，有限元分析结合连续介质损伤力学，实现复杂载荷谱下的疲劳寿命预测。通过裂纹萌生-扩展双阶段模型，可完成从材料 S-N 曲线到结构疲劳寿命的跨尺度预测。在汽车轮胎工程中，该技术成功预测胎面胶疲劳裂纹位置，通过花纹设计优化显著提升耐磨性能，为高分子制品耐久性设计提供量化评估手段。

（3）多尺度模拟方法

多尺度模拟技术为高分子材料研究提供了从分子基元到宏观构件的全尺度解析能力，通过构建跨尺度耦合模型实现了微观机制与宏观性能的定量关联，显著提升了材料性能预测的精度与效率。该技术体系已发展成为高分子材料基因组计划的核心工具，在结构-性能关系解析、多物理场耦合模拟及工程应用优化中展现出独特优势。

在微观尺度层面，分子动力学模拟与粗粒化技术的融合为揭示高分子材料变形机理提供了分子层面的直接证据。通过构建纳米填料-橡胶基体界面模型，研究发现刚性填料颗粒在拉伸过程中引发的局部应力集中效应呈现非均匀分布特征，填料-基体界面脱粘与分子链滑移共同主导了佩恩（Payne）效应的微观机制。这种应力集中现象在传统宏观实验中难以直接观测，而多尺度模拟技术可动态追踪填料网络的动态重构过程，为解释各向异性模量增强机制提供了关键依据。针对复杂高分子体系的计算效率瓶颈，迭代玻尔兹曼反演方法在粗粒化力场开发中取得突破性进展。以氧化硅/炭黑填充体系为例，该方法构建的粗粒化力场在保持键角分布与扩散系数精度的前提下，将计算效率提升 2～3 个数量级，使得微秒级时间尺度的分子模拟成为可能，为研究高分子材料的长期老化行为提供了有效手段。

在介观尺度层面，基于多重相互作用网络的理论框架成功解析了高分子材料的协同增强机制。通过构建包含共价交联、氢键及金属配位键的多尺度模型，揭示了不同化学键在材料变形过程中的应力传递路径：共价交联网络提供基础承载能力，氢键通过动态断裂-重组机制耗散能量，而金属配位键则在特定变形阶段产生额外增强效应。这种协同作用模型为设计兼具高强度与高韧性的高分子复合材料提供了理论指导。针对填料分散状态的定量表征，基于透射电镜图像重构的三维填料分布模型取得重要进展。通过引入快速傅里叶变换算法，建立了微观填料形貌与宏观导电/导热性能的定量关联，成功预测了炭黑填充橡胶的渗透阈值，为优化填料含量、平衡材料导电性与加工性能提供了关键参数。

在跨尺度耦合方面，混合摩擦模型的开发实现了从分子黏弹性到宏观摩擦行为的跨尺度映射。该模型通过建立分子链运动与界面接触状态的关联机制，成功将微观尺度下的黏弹性耗散特征转化为宏观可观测的摩擦行为表征。在典型橡胶-金属摩擦体系验证中，模型预测值与实验数据呈现良好一致性，同时计算效率较传统非线性模型实现显著提升。进一步引入复杂工况条件后，模型成功解析了温度对摩擦行为的主导作用：在高温环境下，丁苯橡胶的摩擦系数呈现明显下降趋势，该现象可归因于分子链活动性增强导致的黏滞耗散机制转变。这种跨尺度建模方法为理解高分子材料在复杂接触条件下的摩擦学行为提供了理论框架。

在工程应用层面，多物理场耦合模拟技术已成为高分子材料制品研发的关键工具。在热-力耦合模拟领域，通过建立温度场演化与交联反应动力学的耦合模型，成功构建了橡胶密封圈硫化工艺的数值模拟平台。该模型可系统分析硫化温度梯度场与材料固化行为的交互作用，为优化工艺参数、控制残余应力分布提供了理论指导。在流-固耦合模拟方面，针对海洋工程装备开发的"船体-护舷-流体"多物理场耦合模型，通过整合流体动力学方程与橡胶材料超弹性本构关系，实现了复杂水流条件下护舷冲击响应的定量分析。该模型可系统解析流体阻力、结构变形与材料阻尼的耦合作用机制，为海洋防护装备的设计验证与性能优化提供了可靠的数值试验平台。

在材料性能预测方面，基于多种机器学习算法的混合模型，成功构建了橡胶圈老化性能预测平台。该平台融合了多物理场参数，实现了老化寿命的精准预测，为制品质量控制提供了量化工具。在配方优化领域，基于贝叶斯优化的机器学习框架，可同步处理多个配方变量与性能指标的复杂关联，显著降低了试验成本，缩短了新产品上市周期，展现了显著的经济效益。

5.1.3　橡胶模拟的典型应用案例

（1）分子动力学模拟

交联氟硅橡胶玻璃化转变温度及力学性能的分子动力学模拟研究主要利用分子动力学（MD）方法对氟硅橡胶（FVMQ）交联前后的体系结构变化进行了深入研究，并预测了其玻璃化转变温度（T_g）和力学性能。研究首先构建了氟硅橡胶的分子模型（图 5-2），并模拟了其在交联反应前后的结构变化。交联反应通过引入过氧化二异丙苯（DCP）作为引发剂，实现了氟硅橡胶分子链间的交联，形成了更为复杂的网状结构。模拟结果显示，交联反应导致体系能量升高、体积收缩、密度增大，体系结构变得更加紧密，分子间相互作用力显著增强。为了进一步说明体系结构的变化，研究还分析了径向分布函数 $g(r)$。结果表明，交联后分子间的 $g(r)$ 变小，而分子内的 $g(r)$ 明显增大，这直接反映了交联反应对分子结构的影响。在预测玻璃化转变温度方面，研究采用了温度-比容曲线的方法。通过模拟不同温度下交联氟硅橡胶的比容变化，预测得到了其 T_g 为 210.10K，这一结果与实验值 204.81K 非常接近，验证了模拟方法的准确性。此外，研究还预测了不同温度下交联氟硅橡胶的弹性模量（E）、剪切模量（G）、体积模量（K）和泊松比（ν）等力学性能参数。通过拟合弹性模量随温度的变化曲线，得到了 T_g 为 210.91K，与之前的预测值基本一致，进一步证明了 MD 方法在预测交联氟硅橡胶 T_g 和力学性能方面的有效性。

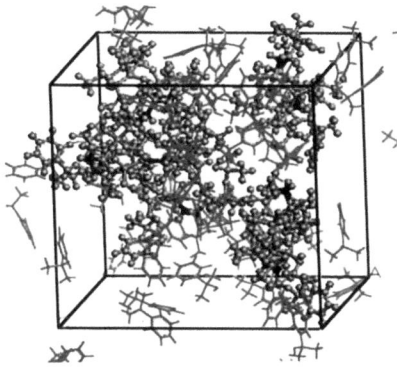

图 5-2　MD 模拟的氟硅橡胶

（2）有限元分析

基于 Mooney-Rivlin 模型和 Yeoh 模型的橡胶弹性车轮刚度特性分析中主

要围绕橡胶弹性车轮的刚度特性展开研究，通过有限元分析方法，对比了两种不同橡胶材料本构模型（Mooney-Rivlin 模型和 Yeoh 模型）在模拟橡胶弹性车轮刚度特性方面的准确性和适用性。研究介绍了橡胶弹性车轮的工作原理及其在城市轨道交通中的广泛应用，强调了提高弹性车轮安全可靠性和减振降噪性能的重要性。由于橡胶材料具有超弹性、不可压缩性、大变形特性和强烈非线性特性，其力学性能受环境条件、应变历程和加载速率等多种因素影响，因此选择合适的橡胶材料本构模型对于精确评估弹性车轮的刚度特性和结构强度至关重要。文献详细阐述了 Mooney-Rivlin 模型和 Yeoh 模型的基本原理和数学表达式。Mooney-Rivlin 模型作为最简单的超弹模型，见图 5-3，适用于小应变和中等应变情况，但无法准确模拟橡胶材料在大应变下的"硬化"特性。而 Yeoh 模型则通过引入高阶应变能项，能够更好地描述橡胶材料在大变形下的非线性行为。通过有限元软件，分别基于 Mooney-Rivlin 模型和 Yeoh 模型建立了橡胶弹性车轮的有限元模型，并计算了不同工况下的刚度特性。将模拟结果与实测值进行对比分析发现，采用 Mooney-Rivlin 模型时，弹性车轮刚度的计算值与实测值存在较大误差；而采用 Yeoh 模型时，计算结果与实测值吻合较好，能够更准确地反映弹性车轮的刚度特性。

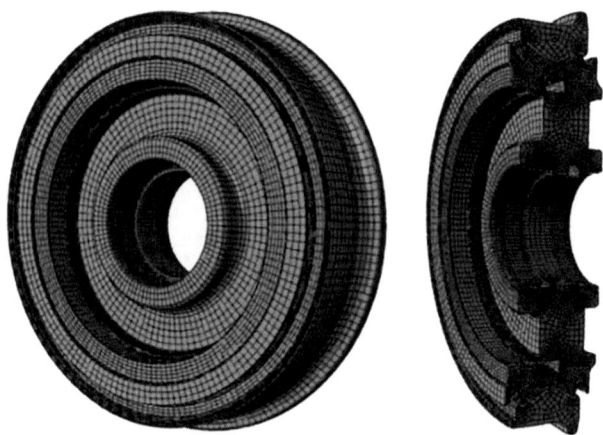

图 5-3　弹性车轮的有限元模型图

5.2　塑料

塑料是以合成树脂或经化学改性的高分子化合物为主要基材，通过添加填料、增塑剂、稳定剂、阻燃剂等助剂加工而成的复合材料。其分子间作用力、模量及形变特性通常处于橡胶与纤维之间。根据合成树脂的热行为特性，塑料可划分为热塑性塑料和热固性塑料；按应用领域则可分为通用塑料和工程塑料（图 5-4）。聚合物作为塑料的基础组分，其分子结构、结晶度、取向状态及交联密度等参数直接决定材料的力学性能。同一聚合物原料通过不同的加工工艺、成型温度及添加剂配比，可分别制备为通用塑料或纺织纤维。这种材料形态的可调控性源于聚合物链段运动能力与相态结构的差异。与合成橡胶相比，尽管二者同为高分子材料，但橡胶因其高度交联网络结构和较低的玻璃化转变温度，展现出显著优于塑料的弹性形变能力，而塑料则通过可逆的玻璃态-高弹态转变实现结构稳定性与加工成型性的平衡。

(a) 通用塑料(PVC颗粒料)　　　　　(b) 工程塑料(PC颗粒料)

图 5-4　塑料

5.2.1　塑料的组成成分与物理性能

塑料是由高分子聚合物作为主要成分，并通过添加多种化学添加剂制备的复合材料体系。其化学结构遵循"骨架-功能化"双模块设计原则，实现了从基础性能到特种功能的全面覆盖。

聚合物主链由重复性结构单元通过聚合反应形成三维长链网络，其分子构型直接决定材料的宏观特性。根据来源与化学结构，聚合物可分为合成聚合物与天然衍生聚合物两大类。合成聚合物如聚乙烯（PE）、聚丙烯（PP）、聚氯乙烯（PVC）等，主要由石油化工原料制备，具有优异的电绝缘性和加工流动性；天然衍生聚合物如聚乳酸（PLA）、纤维素衍生物等，则源自可再生资源，兼具生物相容性与环境友好性。塑料的元素组成与其聚合物类型密切相关：碳氢聚合物仅含碳（C）和氢（H）元素，如聚乙烯、聚丙烯和聚苯乙烯（PS）；含氧聚合物如聚对苯二甲酸乙二醇酯（PET）、聚碳酸酯（PC）等，通过酯基、醚键等极性基团引入氧（O）元素，提升了材料的耐热性与尺寸稳定性；杂链聚合物如聚氨酯（PU）、尼龙（PA）等，含氮（N）、氧（O）等杂原子形成氢键网络，赋予材料高弹性与耐磨性；卤代聚合物如聚氯乙烯（PVC）、聚四氟乙烯（PTFE）等，通过氯（Cl）、氟（F）取代获得特殊性能，其中 PTFE 以高键能的碳—氟（C—F）键为特征，表现出极端化学惰性与宽广的温度适用范围。

塑料的性能优化依赖于多种功能添加剂的协同作用。增塑剂通过插入聚合物链间削弱范德瓦耳斯力，显著提升材料的柔韧性与加工流动性，广泛应用于聚氯乙烯软制品；稳定剂体系包括受阻酚抗氧剂和紫外线吸收剂，分别用于延缓热氧老化和防止光降解，显著延长材料使用寿命；阻燃剂通过气相自由基淬灭或凝聚相炭层形成机制抑制燃烧反应，满足建筑、电子领域的防火要求；填料如碳酸钙、滑石粉、玻璃纤维等，在降低成本的同时，显著改善材料的刚性与耐热性。此外，抗静电剂、着色剂、润滑剂等特种助剂，进一步优化了塑料的表面性能、外观质量及加工效率。

（1）密度

塑料的密度范围跨度较大，从 $0.925g/cm^3$ 至 $2.19g/cm^3$，直接影响材料的选择与应用。低密度材料如聚丙烯（PP）和聚乙烯（PE）因质量轻、比强度高，广泛应用于汽车零部件、包装材料等领域，可有效降低能耗并提升设备能效。高密度材料如聚四氟乙烯（PTFE）和矿物填充聚苯硫醚（PPS）则因其优异的机械稳定性，适用于高温高压环境下的耐压结构件。超轻发泡材料如发泡聚丙烯（EPP）凭借厚度依赖的非线性缓冲性能，在汽车安全吸能部件中发挥关键作用。

（2）强度

拉伸强度：尼龙 6（PA6）的拉伸强度区间为 $66.5\sim85MPa$，适用于承载中等拉力的机械部件；超高分子量聚乙烯纤维（UHMWPE）凭借 3.8GPa 的超高拉伸强度，成为防弹材料、航空绳索的核心基材。

弯曲性能：聚碳酸酯（PC）的弯曲强度达 $90\sim120MPa$，弯曲模量 2.4GPa，这种刚韧性平衡特性使其在汽车灯罩、光学透镜等受弯部件中不可或缺。

压缩强度：环氧树脂（EP）的压缩强度为 $100\sim150MPa$，满足电子封装材料对长期载荷的耐受要求。

冲击韧性：增韧聚丙烯（HIPS）的冲击强度可达 $60\sim150kJ/m^2$，通过分子链增韧改性实现冲击力的高效分散，是汽车保险杠、安全头盔的关键材料。

（3）耐腐蚀性

塑料的耐腐蚀性与其分子链极性及结晶度密切相关。惰性材料如聚四氟乙烯（PTFE）对强酸、强碱及有机溶剂的体积溶胀率＜1%，可长期稳定于恶劣化学环境。工程塑料如聚氯乙烯（PVC）虽耐酸碱，但易受酮类溶剂侵蚀。特种塑料聚醚醚酮（PEEK）在 200℃ 高温蒸汽及烃类溶剂中仍保持结构完整性，常用于化工阀门等关键部件。

（4）电绝缘性与导电改性

塑料材料因其固有的绝缘性质，在电气及电子领域中被广泛用作绝缘材料。通过实施导电改性技术，可以实现对塑料导电性能的调控。例如，将炭黑作为填料加入高密度聚乙烯（HDPE）中，可制备出适用于抗静电包装的材料；而通过特定的添加剂处理，石墨烯增强聚丙烯（PP）复合材料的电导率能够提升至满足电磁屏蔽应用的水平。

（5）隔热性

塑料的隔热性源于其低热导率与高比热容的物理特性，这使其成为高效的热阻隔材料。相较于金属，塑料的热传导能力显著更弱。以发泡塑料为例，其多孔结构进一步增强隔热效果，广泛应用于建筑保温领域，有效减少建筑内外的热交换并优化能源消耗。在动态热环境中，塑料的热扩散特性使其具备优异的温升缓冲性能，尤其在电子器件封装中，可通过延缓热传递为精密元件提供稳定的温度环境。此外，塑料与金属的热膨胀行为差异显著，前者热膨胀效应更明显，因此在两者配合的工程应用中，需通过结构设计或材料改性避免因热膨胀差异导致的界面热应力问题，确保复合结构长期可靠。

（6）耐磨性

塑料的摩擦学性能因材料种类和改性方式的不同而呈现显著差异。聚甲醛（POM）具有较低的摩擦系数，通过添加 PTFE 可显著降低其磨损率。表面处理技术（如等离子体改性）可有效提升超高分子量聚乙烯（UHMWPE）的表面硬度，从而增强其耐磨性能。这类材料设计策略通过优化界面相互作用与表面形貌，实现了摩擦副性能的定向调控。

（7）加工成形性

塑料的加工特性主要由其热行为与流变学特征决定。对于热塑性塑料而言，注塑成型过程中需通过调控熔体温度与模具温度来优化成型效果，合理参数设置可有效抑制制品翘曲并保障结构稳定性；挤出成型时，通过适配螺杆长径比可实现熔体均匀输送，确保最终产品的性能一致性。热固性塑料的加工则依赖特定的固化条件，例如环氧树脂在压缩成型时需通过精确控制温度与压力实现充分交联反应，固化后的材料通常具备较高的玻璃化转变温度（T_g）。在 3D 打印领域，熔融沉积成型（FDM）工艺需根据材料特性设定适宜的熔融沉积温度，配合足够的层间结合强度以满足复杂几何结构的制造需求。这些加工策略通过匹配材料本征特性与工艺参数，实现了塑料制品从宏观形貌到微观性能的协同优化。

（8）着色与耐候性

塑料的着色与防护技术通过多种工艺实现功能化设计。母粒分散法通过均匀分散着色剂可有效避免应力集中，确保塑料制品的外观质量；表面涂层技术（如紫外光固化涂料）则通过薄层覆盖提升表面光泽度并增强防护性能。在耐候性调控方面，紫外线吸收剂的引入可有效抑制聚合物在长期暴露下的黄变趋势，维持材料颜色稳定性；抗氧化剂通过阻断热氧降解链式反应，显著延长制品在复杂环境条件下的服役寿命。

5.2.2 塑料的模拟方法

塑料材料的多尺度结构特征对性能模拟构成了复杂挑战，需构建一个综合性的建模框架，以解析跨尺度的物理机制。分子尺度的模拟专注于聚合物链的动态行为和界面相互作用，为理解材料微观结构与宏观性能之间的联系提供了基础；介观尺度的模拟则关注材料微观结构的演变，揭示了由非均匀结构引起的应力集中和疲劳失效机理，指导了工艺参数的优化；宏观尺度的模拟则结合了非线性黏弹性本构模型与复杂工况，优化了注塑成型过程，减少了翘曲变形，为安全部件设计提供了理论支持。多尺度模拟技术的核心价值在于跨尺度数据的桥接与验证，通过建立"结构-性能"的定量关系，不仅提高了材料设计的效率，还推动了塑料加工工艺从经验试错向科学预测的转型，在先进制造领域展现了显著的技术价值。

（1）分子动力学技术

分子动力学（MD）技术已经成为塑料材料微观结构与性能研究的核心工具。其系统化应用依赖于标准化的建模流程、精确的力场选择、动态平衡控制以及严格的质量验证体系。在结构建模阶段，针对线型聚合物链，必须确保聚合度达到临界值以消除端基效应，从而确保模拟体系能够真实地反映塑料材料的本体性质。对于非晶态结构，依赖于专业软件模块，通过多次随机填充优化，确保体系的无序性与实验密度一致；而对于结晶性塑料，则需采用特定的退火程序来诱导晶体结构的形成，并通过 X 射线衍射图谱对比验证晶体结构的准确性，以确保模拟体系的结晶度与实验值相符。

力场选择作为 MD 模拟的关键环节，需根据研究体系的特性进行精细匹配。全原子力场能够详细描述分子链的精细构象变化，捕捉分子间相互作用的细微差别，因此特别适用于研究分子间相互作用和化学反应；而粗粒化力场则通过简化原子模型，显著减少计算量，更适合模拟长时间尺度的相行为和流变学特性，如聚合物的长时弛豫过程。

在平衡模拟阶段，系综选择和时间步长优化对模拟效率与结果可靠性具有决定性影响。正则系综（NVT）通过维持恒定的粒子数、体积和温度，常用于研究恒温条件下的材料性质，如玻璃化转变过程，通过 Nosé-Hoover 控温器可实现温度涨落的有效控制；而等温等压系综（NPT）则通过维持恒定的粒子数、压力和温度，更适合模拟加工过程中的压力效应，如注塑成型中的保压阶段，采用 Parrinello-Rahman 控压算法可精确控制体积波动。对于含重元素体系，重元素的运动速度相对较慢，需调整时间步长并启用多时间步算法，如 r-RESPA 方法，在保证能量守恒的前提下提升计算效率。

在性质计算方面，MD 技术已发展出多种高精度的标准和方法，用于准确测定塑料材料的各种性质。例如，采用加权直方图分析（WHAM）可以精确计算塑料的自由能变化，揭示相变过程的热力学驱动机制；分析扩散行为则可通过均方位移（MSD）曲线和扩散系数计算实现，量化分子链的运动能力。对于取向态塑料，还需进一步分析分子链取向分布函数和相关函数，以揭示其各向异性力学行为的微观机制，如拉伸强度与取向度的定量关系。

（2）有限元方法

有限元方法（FEM）在塑料材料及其制品的研究与工程应用中发挥着至关重要的作用。在塑料材料模拟中，有限元方法展现出独特的优势，能够处理复杂的几何形状、材料非线性以及边界条件多变的问题。在建模过程中，要根据塑料制品的实际几何形状建立精确的几何模型。对于注塑成型的塑料制品，需要考虑模具的几何特征、浇口位置和流道系统。合理的网格密度和单元类型选择至关重要，既要保证计算精度，又要控制计算成本。对于塑料制品中应力集中区域，需要加密网格以提高计算精度；而对于远离应力集中区域的部位，则可采用较粗的网格以减少计算量。单元类型的选择要根据塑料材料的变形特性来决定，对于大变形问题，可采用非线性单元；对于薄壁塑料制品，壳单元或膜单元可能更为合适。

在有限元模拟中，力的选择同样至关重要，它直接关系到材料行为的准确描述。塑料材料的力学行为通常表现出显著的黏弹性、塑性和各向异性特征，因此在有限元分析中需要选择合适的本构模型来描述这些特性。对于热塑性塑料，在加工过程中通常经历高温和高应变率，其力学行为表现为黏弹性。可采用广义麦克斯韦（Maxwell）模型或开尔芬-沃格特（Kelvin-Voigt）模型来描述材料的黏弹性响应。而对于热固性塑料，在固化过程中会发生化学反应，导致材料模量和热膨胀系数的变化，需要采用能够描述化学-力学耦合效应的本构模型。塑料材料的各向异性也是一个重要因素，特别是在纤维增强塑料中，纤维方向的力学性能与垂直方向存在显著差异，可采用正交各向异性或横观各向同性本构模型来准确描述材料的力学行为。

有限元方法的精度是评估模拟结果可靠性的关键指标。除了网格划分质量，材料参数的准确性也对模拟结果产生重要影响。塑料材料的力学性能参数通常需要通过实验测量获得。在进行有限元模拟时，需要充分考虑材料参数的不确定性，并进行敏感性分析。边界条件的施加也会影响模拟精度。在实际工程问题中，塑料制品通常受到复杂的边界条件约束。在有限元模拟中，需要准确地施加这些边界条件，以确保模拟结果与实际情况相符。

（3）多尺度模拟方法

多尺度模拟方法在塑料材料研究中展现出突破性价值，其通过构建微观-介观-宏观尺度的跨域关联机制，有效突破了传统单一尺度模拟的认知边界。塑料材料的多级次结构-性能关系呈现显著的尺度耦合特征：分子链构象在微观尺度调控介观相分离行为，进而主导宏观力学响应特性。

在微观-介观协同模拟中，分子动力学（MD）与粗粒化分子动力学（CGMD）形成技术互补体系。MD通过原子级分辨率解析分子链动力学行为，CGMD则基于迭代映射算法构建介观势场，在保留关键物理机制的同时实现计算效率的指数级提升。介观-宏观尺度的衔接通过相场理论与有限元方法（FEM）的深度融合得以实现。相场模型以亚毫米空间分辨率追踪熔体结晶度梯度演变，结合自适应网格重构技术实现微观结构参数向宏观模型的参数传递，显著提升残余应力分布预测精度；在挤出成型全流程建模中，MD模拟揭示螺杆区分子链取向弛豫动力学，相场模型解析口模区流动诱导相分离行为，最终通过FEM获得的制品翘曲预测精度较传统模型实现突破性提升。

当前研究已建立标准化的三级跨尺度技术路径：基于量子力学计算构建化学键能参数基准，通过MD模拟构建分子链缠结网络拓扑，最终借助相场/FEM混合模型建立微观结构与宏观模量的定量关联。该技术体系通过贝叶斯优化框架实现跨尺度参数传递的误差控制，形成从分子构型到工程性能的完整预测链。这种多尺度建模策略不仅深化了对塑料材料结构-性能关系的科学认知，更为高性能塑料制品的数字化研发提供了方法论支撑。

5.2.3　塑料模拟的典型应用案例

（1）分子动力学模拟

研究聚乙烯（C500）从过冷熔体中结晶的成核和生长机制。研究背景指出，聚乙烯作为一种半结晶聚合物，其机械性能高度依赖于半结晶态的形态，而结晶过程则决定了这些形态特征。尽管过去对聚合物结晶进行了大量研究，但成核和生长的分子水平机制仍未完全明确。研究利用分子动力学（MD）模拟方法，旨在揭示聚乙烯结晶的微观机制。在模拟方法上，研究采用了联合原子模型，将聚乙烯链视为由代表 CH_2 和 CH_3 基团的单体组成。模拟在 500K 下对包含 200 条聚乙烯链的系统进行平衡模拟，随后淬火至 280K 观察成核事件，再加热至 320K 观察生长过程。所有模拟均在恒定体积和恒定温度条件下进行，并使用多种序参数（如回转半径 R_g、向列序参数、结晶度序参数等）来区分晶体和熔体，跟踪成核和生长过程中的结构变化。关于成核机制，研究发现成核始于链段的取向排列，随后链段伸直并致密化。这一过程与短链烷烃中的成核机制相似，表明在 280K 下过冷度足够强，成核是局部事件，不依赖于链长。通过详细分析成核过程中链段的回转半径、向列序参数、局部密度和结晶度序参数的变化（图 5-5）。

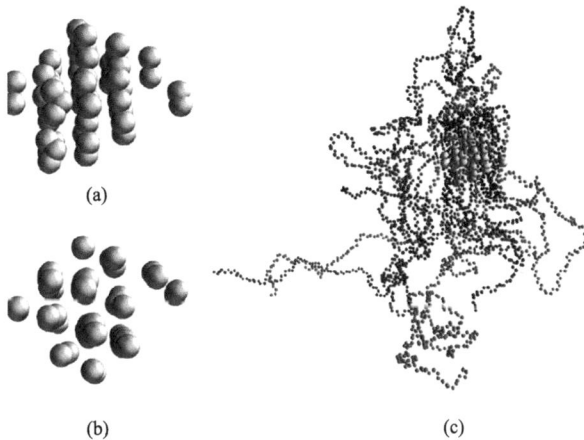

图 5-5　聚乙烯的成核机制

（2）有限元分析

研究注塑成型塑料部件的翘曲变形。它直接影响产品的质量和性能。在模拟方法上，研究详细描述了如何建立注塑成型塑料部件的三维有限元模型，包括材料属性的定义、边界条件的设定以及求解算法的选择。特别地，研究强调了考虑几何非线性的重要性，因为在某些特殊情况下，简单的线性分析可能导致完全错误的翘曲预测（图 5-6）。为了解决这一问题，文献扩展了三维翘曲模拟方案，以考虑几何非线性，并通过两个典型的大变形例子进行了验证：一个是托盘模型的后屈曲，另一个是两次注塑成型部件的大变形翘曲。研究讨论了影响翘曲变形的多种因素，如材料的热膨胀系数、模具温度、注射速度、保压时间等，并通过模拟分析了这些因素对翘曲变形的影响规律。

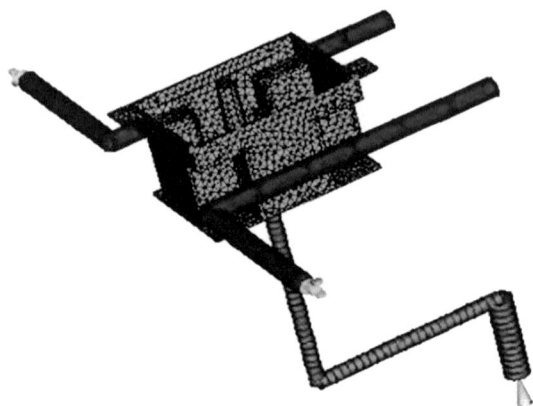

图 5-6　塑料的有限元卷曲模拟

第**6**章
建筑材料的模拟

　　建筑材料是土木建筑工程（包括水利、水运、房屋、道路、桥梁等）所有实体构筑物的物质基础，其性能直接关系到工程的安全性、耐久性和经济性。根据其组成成分，建筑材料主要分为无机材料、有机材料和复合材料三大类。无机材料包括以硅酸盐或氧化物为主的无机非金属材料，以及具有卓越延展性和抗拉强度的金属材料；有机材料包括天然植物材料、沥青材料以及合成高分子材料；复合材料则是通过人工复合不同性质的材料形成多相体系，例如钢筋混凝土、聚合物混凝土和沥青防水卷材，它们结合了各组分材料的协同性能。作为土木工程的基石，建筑材料的选择贯穿整个工程生命周期：其成本占项目总投资的 50％ 以上，材料的力学性能、耐久性及可持续性直接决定了结构形式、施工工艺和工程寿命。随着工程复杂度和性能要求的提高，传统的经验式设计已无法满足现代需求，迫切需要利用先进的模拟技术来揭示材料行为规律，优化设计与应用策略，并系统阐述其多尺度模拟理论与技术，为工程实践提供科学的支撑。

6.1　混凝土

　　混凝土是一种由胶凝材料、集料以及水按照特定比例混合、搅拌，并在适宜的温度和湿度条件下经过养护而硬化的复合材料。在土木工程领域，混凝土主要分为两大类：水泥混凝土和沥青混凝土。水泥混凝土以水泥作为胶凝材料，与水和集料混合制成，是应用最广泛、用量最大的建筑材料，如图 6-1 所示。在该材料中，水泥与水结合形成水泥浆，发挥胶凝作用；集料则提供骨架和填充功能；水泥与水的化学反应生成坚固的水泥石，将集料紧密地黏结成一个整体，赋予混凝土所需的物理和力学性能。而沥青混凝土则是由沥青、矿粉和集料混合而成，其中沥青和矿粉共同承担胶凝作用，集料则提供必要的骨架和填充。

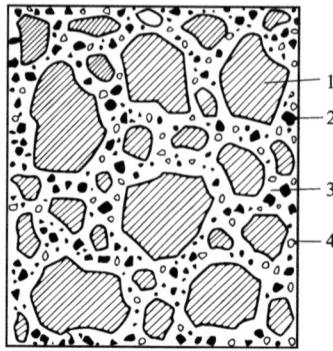

图 6-1　普通混凝土结构示意图
1—石子；2—砂子；3—水泥石；4—气孔

6.1.1　混凝土的组成及特性

6.1.1.1　混凝土的组成

（1）水泥

水泥作为混凝土胶凝体系的核心组分，其品种和强度等级的选择对混凝土的力学性能、耐久性和经济性至关重要。当前工程应用的水泥品种包括硅酸盐水泥、普通硅酸盐水泥、矿渣硅酸盐水泥、火山灰质硅酸盐水泥、粉煤灰硅酸盐水泥、复合硅酸盐水泥及特种水泥。

硅酸盐水泥由石灰石、黏土等原料煅烧而成，早期强度高，水化放热集中，适用于高强度混凝土、冬季抢工施工、预制构件生产及预应力结构；普通硅酸盐水泥在硅酸盐水泥中掺入 5%～20%混合材料（矿渣/火山灰/粉煤灰），保留硅酸盐水泥早期强度优势的同时提升后期性能，耐久性优良，占水泥总用量 70%以上，广泛用于工业与民用建筑；矿渣硅酸盐水泥掺入 20%～70%粒化高炉矿渣，水化热低，耐热性好，适合大体积混凝土基础、海水侵蚀环境及高温环境工程；火山灰质硅酸盐水泥和粉煤灰硅酸盐水泥分别掺入火山灰和粉煤灰，抗渗性和耐久性优异，适用于地下防水结构、污水处理设施及海港工程；复合硅酸盐水泥则通过掺入两种或多种混合材料（矿渣＋粉煤灰＋石灰石）调节性能，适用于一般建筑和道路工程。特种水泥如快硬硫铝酸盐水泥用于抢修工程，膨胀水泥用于补偿收缩混凝土，抑制裂缝产生。

水泥的选择需综合考虑工程环境、强度要求、施工工艺、耐久性及经济性等因素。化学侵蚀环境应选用抗硫酸盐水泥或高掺量矿渣水泥；氯盐侵蚀环境需采用普通水泥配阻锈剂的复合防护体系；冻融循环环境则要求配置引气水泥基材料。高强混凝土需采用硅酸盐水泥配超细掺合料技术，而长期承载结构则更适合普通水泥与矿物掺合料的二元体系。喷射混凝土要求使用快硬早强型水泥；3D 打印建材需配置具有触变性能的水泥基材料；超高层泵送混凝土则需控制工作性能。经济性优化需建立全生命周期成本模型，通过复合胶凝材料技术可降低环境负荷。实际工程中，必须通过系列试验验证程序，确保水泥-掺合料-外加剂体系的适配性，最终构建兼顾性能与成本的定制化解决方案。

（2）细骨料

混凝土细骨料（砂）的粒径范围通常在 0.15～4.75mm 之间，细骨料的总体积占混凝土体积的 70%～80%，骨料的性能对所配制的混凝土有很大的影响。细骨料（砂）按来源可分为天然砂和机制砂两大类。天然砂由自然条件作用形成，包括河砂、湖砂、山砂和淡化海砂。河砂颗粒圆滑、级配良好，长期水流冲刷使其表面洁净；山砂则棱角分明，含泥量和有机质较多。机制砂由岩石破碎而成，级配和粒形可通过工艺调整，但表面粗糙且常含石粉。按细度模数划分，砂可分为粗砂（3.7～3.1）、中砂（3.0～2.3）和细砂（2.2～1.6）三个等级，其中中砂因其良好的级配平衡性，在各类混凝土工程中应用最为广泛。

优质砂主要由石英、长石等矿物组成，要求二氧化硅含量不低于 65%，同时需严格控制有害成分含量：云母类片状矿物含量超过 2% 时，会显著削弱骨料-浆体界面黏结强度；硫化物及硫酸盐含量超过 1% 时，可能引发延迟性钙矾石膨胀破坏；有机质会延缓水泥水化进程，其含量需通过溶液色度试验严格限制；氯离子含量作为钢筋混凝土耐久性关键指标，在预应力结构中需控制在 0.01% 以下，普通混凝土中亦不得超过 0.06%。

级配直接影响混凝土的工作性和密实度。工程实践采用级配区划分法进行质量控制：Ⅰ区粗砂空隙率较大，需增加胶材用量；Ⅱ区中砂具有理想堆积状态；Ⅲ区细砂需优化颗粒级配。理想级配应满足：粗颗粒形成骨架，中颗粒填充空隙，细颗粒调节比表面积，最终实现最小总表面积与最低空隙率的优化平衡。此级配状态不仅可减少水泥浆体用量，更能显著提升混凝土密实度与界面过渡区强度。

细骨料中有害杂质控制：含泥量不得超过 3%，过量细颗粒会吸附大量拌和水，导致浆体流动性急剧下降，同时削弱界面过渡区化学黏结；泥块含量需严格控制在 1% 以内，此类大尺寸弱界面区将成为混凝土渗透通道与剥落起点。此外，轻物质含量限制≤1%，其多孔结构会加速碳化进程；贝壳等片状杂质含量超过 3% 时，将显著降低混凝土抗折强度。

（3）粗骨料

混凝土粗骨料作为骨架支撑体系，其粒径范围通常大于 4.75mm，依据成因可分为碎石与卵石两大类别。碎石由天然岩石或矿山废石经机械破碎、筛分工艺制备，具有表面粗糙、棱角系数高、颗粒形貌不规则的特征，这种微观结构特性使其与水泥浆体形成机械咬合作用，显著提升界面过渡区强度。卵石则经长期自然风化及水流冲刷作用形成，呈现圆形或椭圆形外观，表面光滑且棱角特征弱化，其球形形貌赋予混凝土优异的流动性能。

在高性能混凝土配制领域，C60 及以上强度等级混凝土应优先选用碎石作为粗骨料。其多棱角形貌可增大与水泥浆体的接触面积，形成稳固的嵌锁结构，显著提升混凝土抗压强度，特别适用于要求高承载能力的工程结构。对于高层建筑泵送施工，卵石的球形形貌可降低混凝土与输送管道内壁的摩擦阻力，显著提升施工效率并降低设备磨损。海洋工程环境需采用淡化海砂与抗硫酸盐碎石的复合骨料体系，通过双重防护机制有效抵御氯离子侵蚀与硫酸盐腐蚀，延长结构设计使用年限。抗冻融混凝土应选用高品质碎石，其致密微观结构可承受多次冻融循环而不发生显著性能劣化，确保严寒地区构筑物的耐久性要求。

粗骨料中的含泥量、泥块含量及有害杂质控制需严格遵循国家标准《建设用卵石、碎石》（GB/T 14685—2022）要求。泥质成分超标会显著削弱骨料-浆体界面黏结强度；泥块含量超标将在混凝土内部形成弱界面区，成为渗透通道与剥落起点。在有害物质控制方面，硫化物及硫酸盐含量超标可能引发延迟性膨胀破坏；轻物质含量超标会增加孔隙率，加速碳化进程；针片状颗粒含量超标将导致混凝土工作性显著降低。

（4）拌合及养护用水

混凝土生产用水的核心质量控制要求包括水体不得对混凝土工作性能产生不利影响，需确保拌合物和易性满足施工要求，且不得干扰水泥的凝结硬化进程；水中成分不得抑制混凝土力学性能发展，应保证强度指标符合设计标准；严禁含有损害混凝土耐久性的有害物质，尤其需防范加速钢筋锈蚀及导致预应力筋脆性断裂的风险；用水应洁净无污染，避免对混凝土表面色泽与质感产生不良影响。

水质控制需排除四类有害成分。第一类是影响水泥水化的物质，如油脂、糖类等有机物，其含量超标时会延缓水泥凝结时间并降低混凝土后期强度；第二类为硫酸盐、镁盐等侵蚀性离子，可能引发混凝土化学腐蚀反应；第三类是氯化物，当含量超过限值时，会显著加剧钢筋锈蚀速率；第四类为悬浮物及杂质颗粒，其沉积会削弱混凝土界面过渡区的黏结强度。海水中的硫酸盐、镁盐及氯化物对混凝土具有双重侵蚀作用，既可能与水泥水化产物发生化学反应导致膨胀开裂，又会形成电解质环境加速钢筋电化学腐蚀。海水的使用应遵循分级管控原则：允许用于配制无饰面要求的素混凝土，但需通过配合比优化措施补偿强度损失；严禁用于配制钢筋混凝土及预应力混凝土，即使经淡化处理仍需严格限制氯离子含量；对于暴露于海洋环境的混凝土结构，应采用专用抗蚀胶凝材料体系替代传统水泥基材料。

（5）外加剂及掺和料

混凝土外加剂是指可有效改善混凝土某项或多项性能的材料。其占比通常不超过水泥量或胶凝材料总量的 5%，但能显著提升混凝土的和易性、强度、耐久性或调节凝结时间，同时节约水泥用量。混凝土外加剂品类丰富，其中减水剂、缓凝剂和早强剂较为常见。

减水剂是一种阴离子表面活性剂，能减少混凝土拌合用水量以维持坍落度。其作用机理在于吸附于水泥颗粒表面产生静电排斥效应，破坏絮凝结构，释放束缚水分；形成溶剂化水膜，减小颗粒间摩擦阻力；借助空间位阻效应及聚羧酸类缓释支链，提升分散性能。减水剂依据外观形态，可分为水剂与粉剂两类；根据性能表现，则分为普通、高效及高性能减水剂。化学成分主要包括木质素磺酸盐、萘系化合物及聚羧酸盐等。该类添加剂广泛应用于各类混凝土工程，旨在提升强度、改善工作性能并节约水泥用量。使用时需根据水泥品种及配合比精确控制掺量，以免过量导致强度降低或凝结时间异常。

缓凝剂是一种通过延缓水泥水化反应延长混凝土凝结时间的外加剂，使新拌混凝土保持塑性以方便施工，且不影响后期性能。其作用原理分为两类：有机类通过吸附于水泥颗粒表面延缓结构形成；无机类通过沉淀反应形成保护膜抑制水化反应。典型品种包括焦磷酸钠（强效缓凝）、四硼酸钠（易溶稳定）、羟基羧酸盐（吸附性强）、有机膦酸盐（耐高温）。适用场景涵盖大体积混凝土温控、高温季节施工、长距离运输等工况，但需遵循以下原则：环境温度宜高于 5℃；避免用于蒸养混凝土或早强要求工程；柠檬酸类缓凝剂不适用于低水泥用量体系；含糖类或木质素类缓凝剂需预先进行水泥适应性试验。

早强剂是指能加速混凝土早期强度发展的外加剂。主要作用是加速水泥水化速度，加速水化产物的早期结晶和沉淀，是缩短混凝土施工养护期，加快施工进度，提高模板的周转率。其适用于有早强要求的混凝土工程及低温、负温施工混凝土、有防冻要求的混凝土、预制构件、蒸汽养护等。早强剂的主要品种有氯盐、硫酸盐和有机胺 3 大类。氯盐类早强剂兼具促凝防冻功能，但钢筋锈蚀风险限制其应用，需控制掺量并复配阻锈剂；硫酸盐类早强剂因无钢筋腐蚀风险而应用广泛，常采用复合配方优化效果；有机胺类早强剂多作为辅助组分，通过络合作用增强早强效应。典型应用场景涵盖低温施工、预制构件生产及蒸汽养护工艺，需注意早强剂可能降低混凝土后期强度增长率；高碱环境可能引发碱骨料反应风险；含钠早强剂需控制掺量以避免表面泛碱。

外加剂选用需建立系统化决策流程。首先根据工程需求确定性能目标；其次通过胶砂试验验证与水泥的相容性；最后结合环境条件与施工工艺制定专项应用方案。实际工程中应建立外加剂质量追溯体系，确保批次稳定性，并通过混凝土耐久性专项试验验证长期性能表现。

6.1.1.2 混凝土的基本特性

（1）和易性

混凝土和易性作为施工性能的核心指标，综合反映了拌合物的流动性、黏聚性与保水性三大特征。该性能直接决定着混凝土从搅拌、运输、浇筑、振捣全过程的施工可操作性，以及最终形成密实结构的能力，其技术表现受多重因素协同影响。

水泥浆体作为骨料颗粒的润滑介质，通过包裹效应形成滑动层，显著提升拌合物的流动性。但浆体用量存在临界阈值：过量使用将引发浆体离析，导致黏聚性下降；用量不足则无法充分润滑骨料界面。浆体稠度受水灰比、水泥细度等参数调控，水灰比与流动性呈正相关关系，但过高会损害混凝土强度与耐久性。对于高细度水泥，需水量增加，需通过减水剂调控浆体工作性。

砂率作为关键配合比参数，对和易性具有双重调节作用。砂率偏低时，砂浆层厚度不足以包裹粗骨料，导致流动性损失，并引发严重离析泌水；砂率偏高时，骨料总表面积增加，在固定浆体量条件下，界面过渡区水泥浆膜厚度减薄，不仅降低流动性，还可能造成强度损失。级配优化可显著改善此效应，连续级配骨料空隙率显著降低，有效减少浆体用量。

骨料物理特性对和易性影响显著。卵石因表面光滑，粒形系数低，可降低拌合物内摩擦角；碎石表面粗糙度增加，需提高浆体用量以维持相同流动性。骨料级配优化可减少空隙率，显著改善工作性。含水率波动直接影响实际水灰比，需建立骨料含水率实时监测系统。

外加剂应用可实现和易性的精准调控。聚羧酸减水剂通过空间位阻效应，在减水同时维持坍落度经时损失；早强剂可缩短凝结时间，间接改善早期施工性能；缓凝剂通过络合作用延缓水化进程，使初始凝结时间延长，特别适用于大体积混凝土施工。外加剂复合使用需通过试验验证相容性，避免出现异常凝结或泌水现象。

（2）强度

混凝土的力学性能是其在荷载作用下抵抗破坏能力的体现，是评估结构安全性和耐久性的核心指标。该性能主要包括抗压强度、抗拉强度、抗弯强度和抗剪强度。

抗压强度是指混凝土抵抗压缩变形的能力，是混凝土力学性能中最为关键的指标之一。在标准试验条件下，以边长为 150mm 的立方体作为标准试件，在标准养护条件下（温度控制在 20℃±2℃，相对湿度保持在 95％以上）养护至 28 天，测得的具有 95％保证率的抗压强度，即为混凝土立方体抗压强度标准值。抗拉强度是指混凝土在承受拉应力时的极限强度，其值通常仅为立方体抗压强度的 1/10 甚至 1/20，对混凝土结构抗裂性能具有重要影响。抗弯强度是指混凝土在受到弯曲荷载作用时的抗破坏能力，对于道路、桥梁等承受弯曲荷载的混凝土结构而言，抗弯强度具有至关重要的作用。抗剪强度则是混凝土抵抗剪切破坏的能力。当结构承受水平荷载或地震作用时，抗剪强度不足将导致斜裂缝扩展，危及结构整体稳定性。

混凝土的强度受多种因素的综合影响。水泥等级的提高通常伴随着混凝土强度的增加；水灰比的降低亦能提升混凝土的强度；使用表面粗糙的碎石相较于表面光滑的卵石，可以有效提高混凝土的强度，且适宜的粒径和连续的级配有助于减小混凝土内部的孔隙率。养护条件对强度发展具有决定性作用，高温（超过 35℃）虽然可以加速水化过程，但可能导致后期强度降低，在干燥环境下水化作用会停滞。减水剂通过降低水灰比提升强度，但需控制掺量以防引气过量导致强度下降。

（3）变形性

混凝土的变形可分为非荷载作用变形和荷载作用变形两大类。非荷载作用变形包括化学收缩、塑性收缩、干湿变形以及温度变形。化学收缩源于水泥水化反应，由于水化产物的体积小于原始反应物（水泥＋水）的体积，导致硬化过程中整体体积发生不可逆的收缩，可能会导致内部微裂缝的产生。塑性收缩发生在混凝土成型后但尚未凝结硬化时，由于表面水分蒸发速率超过内部泌水速率，在毛细管负压作用下引发浆体收缩，当收缩应力超过抗拉强度时即产生表面裂纹。干湿变形表现为失水干缩和吸水湿胀，干缩受到水灰比和养护条件的显著影响，长期暴露在外部环境下容易导致表面出现龟裂。温度变形是由热胀冷缩引起的，大体积混凝土由于水化热产生的内外温差，容易产生温度应力裂缝。

荷载作用下混凝土的变形主要表现为弹性变形、塑性变形、短期荷载下的变形以及长期荷载下的徐变。作为弹塑性材料的混凝土，在短期荷载作用下，其应力-应变关系呈现非线性特征。荷载作用期间，混凝土将产生可逆的弹性变形和不可逆的塑性变形。卸载后，能够恢复的应变部分是由混凝土的弹性应变引起的，这部分应变被称为弹性应变。当荷载超过混凝土的弹性极限时，产生的变形无法完全恢复，这种变形即为塑性变形，通常具有不可逆性，并对结构的承载能力产生显著影响。混凝土塑性变形的产生与混凝土内部微观结构的变化密切相关。在静力试验的加载过程中，当加载至某一应力水平后卸载，卸载后能够恢复的应变部分是弹性应变，而剩余的不能恢复的应变部分则为塑性应变。当应力超过比例极限后，塑性变形开始累积，这种变形与水泥石凝胶体的黏性流动特性密切相关，在持续荷载作用下导致应变随时间发展。循环加载试验表明，高应力水平下塑性应变随加载次数增加显著累积，可能导致疲劳破坏；而低应力水平下塑性应变增量逐渐衰减，最终趋于稳定。在持续荷载作用下，混凝土会产生随时间增长的变形，即徐变。徐变的特点是加载瞬间产生瞬时变形，随后徐变变形逐渐增长，荷载初期增长较快，之后逐渐变慢并趋于稳定。卸载后，一部分变形瞬时恢复，另一部分在卸载后的一段时间内继续恢复，这部分变形被称为徐变恢复，最终残存不能恢复的变形称为残余变形。徐变对结构的影响具有双重性，其积极效应在于可以消除钢筋混凝土内的应力集中，使应力重新分配，缓和局部应力，对大体积混凝土能消除一部分温度变形产生的破坏应力；而其消极效应则在于会导致钢筋的预应力损失，降低构件强度等。

（4）耐久性

混凝土耐久性是指其在长期受到环境介质作用下，仍能保持其使用性能的能力，涵盖抗渗性、抗冻性、抗侵蚀性、抗碳化性和碱-骨料反应耐受性等性能指标。抗渗性表征混凝土抵抗压力水渗透的能力。这一性能受到水灰比、水泥品种和用量、骨料性质等因素的影响。水灰比增大导致孔隙率上升，进而显著降低抗渗性能，而优化胶凝材料组成与级配可通过提升密实度改善抗渗能力。

抗冻性表征混凝土在饱水状态下承受冻融循环作用时的耐久性能。孔隙率、孔结构特征、水饱和度、胶凝材料体系及外加剂均对其产生显著影响。连通孔隙率高、水饱和度大的混凝土抗冻性劣化明显，而引气剂通过引入均匀分布的微小气泡来改善孔结构，从而显著提升抗冻性能。

抗侵蚀性反映了混凝土抵抗周围环境介质化学侵蚀的能力。水泥品种、混凝土密实度、环境介质的不同，都会导致抗侵蚀性的差异。硅酸盐水泥在常规环境中表现出较好的耐蚀性，但在硫酸盐侵蚀环境下，需采用抗硫酸盐水泥或高铝水泥等特种胶凝材料；提高混凝土密实度与针对性选择防护涂层是增强抗侵蚀性的关键技术路径。

抗碳化性指混凝土抵御二氧化碳侵蚀的能力。高水泥用量与低水灰比形成的致密基体可有效延缓碳化进程，而环境中低二氧化碳浓度与合理养护措施亦有助于提升抗碳化性能。

碱-骨料反应（AAR）是混凝土中碱组分与骨料活性成分在潮湿环境下发生的膨胀性化学反应，其发生概率与水泥碱含量、骨料活性等级及环境湿度密切相关。当水泥碱含量超标、骨料含活性成分且环境湿度较高时，碱-骨料反应易被激发，导致混凝土内部产生膨胀应力并引发开裂，从而显著劣化耐久性。针对该破坏机制，工程中通常采取限制水泥碱含量、选用非活性骨料或添加矿物掺合料等抑制措施。

6.1.2　混凝土的模拟方法

混凝土材料的多尺度特性决定了其力学行为与耐久性能的跨尺度关联机制，这要求数值模拟体系必须建立从原子级相互作用到宏观结构响应的全尺度建模框架。实现材料微观机理与宏观性能的定量耦合，需构建涵盖微观-细观-宏观的多尺度协同模拟策略，以揭示不同物理层次间的本质关联规律。

在微观尺度层面，模拟研究聚焦于水泥水化反应的原子级演化机制及水泥基复合材料的微观结构特征。该尺度研究可建立水化程度与孔隙结构演化的定量关系，为解释混凝土强度发展机理与离子传输耐久性提供微观物理基础。在介观尺度层面，模拟工作重点解析骨料几何非均质性及界面过渡区（ITZ）的断裂力学机制。该尺度研究揭示了骨料空间分布对裂缝萌生路径的导向作用，以及 ITZ 纳米力学性能对宏观断裂韧度的尺寸效应，为优化混凝土配合比设计提供理论依据。在宏观尺度层面，模拟技术需构建考虑多物理场耦合作用的连续介质力学框架。该尺度模拟特别关注徐变变形的时间效应、裂缝扩展的能量准则及耐久性退化的概率模型，为结构全寿命周期性能评估提供计算平台。

（1）分子动力学技术

在混凝土材料体系的研究领域，分子动力学模拟已经成为揭示材料内在行为的关键技术。在介观结构层面，针对 C-S-H 凝胶的纳米力学行为研究建立了孔隙率与宏观断裂特性的定量关联。通过构建含纳米孔隙的原子模型发现，随着孔隙体积分数增加，凝胶网络拉伸强度呈线性衰减趋势，这种应力集中效应直接关联到宏观混凝土试件的裂纹萌生阈值，从而构建了从纳米结构缺陷到宏观断裂韧度的跨尺度桥梁。

在界面相互作用研究中，基于三维周期性边界条件的模拟框架实现了 EPS 颗粒-水泥基体界面区的多物理场耦合分析。通过计算界面结合能与应力分布特征，揭示了聚合物改性剂对界面过渡区力学性能的增强机制。分子动力学模拟显示，界面增强措施通过优化化学键合密度与能量耗散路径，可使界面剪切强度提升，为设计高性能复合混凝土提供了分子层面的优化策略。

针对水化反应动力学过程，采用 ReaxFF 反应力场模拟方法实现了硅酸钙水化路径的原子级追踪。量化分析表明，水化反应速率对温度和水灰比具有双重敏感性。温度升高可降低反应活化能，而水灰比增加则通过改变溶质传输路径影响产物聚合度。特别值得注意的是，钠离子与氯离子的竞争吸附行为被证实可抑制 C-S-H 层间钙离子的迁移过程，该发现为理解离子型外加剂的作用机理提供了新视角。

在耐久性机理研究方面，基于 CLAYFF 力场的扩散模拟揭示了孔隙溶液化学环境对离子传输的调控机制。C-S-H 表面羟基化作用导致孔隙水呈现层状排列结构，这种结构特征使氯离子扩散系数与孔隙连通性呈现非线性关系。当孔隙曲折度降低时，Cl^- 扩散速率显著提升，而通过 Ca—O 共价键合实现的表面硬化处理则可形成离子屏障效应。

（2）有限元方法

有限元方法（FEM）作为混凝土结构数值分析的核心工具，其技术体系已深度融入材料本构建模、破坏机理预测、全寿命性能评估等关键环节，形成了覆盖微观机理认知到宏观工程应用的完整技术链。

在材料行为表征层面，线弹性模型通过定义弹性模量与泊松比构建应力-应变线性关系，为初步设计提供基准；非线弹性模型引入变形梯度相关的割线模量，可模拟混凝土受压软化与受拉脆断特征；弹塑性模型则通过分离损伤演化与塑性流动机制，特别是混凝土损伤塑性模型（CDP）的引入，成功表征了循环荷载下的刚度退化与能量耗散特性。

在断裂过程模拟方面，扩展有限元法（XFEM）通过水平集函数捕捉裂缝拓扑演变，突破传统网格束缚，成功复现了 Ⅰ 型/Ⅱ 型混合裂缝的扩展路径。内聚力模型（CZM）采用双线性软化曲线量化界面分离能，在钢筋-混凝土黏结滑移分析中实现了拔出破坏与劈裂破坏的准确预测。基于虚拟裂纹闭合技术（VCCT）的断裂能准则，则建立了裂缝扩展阻力曲线与宏观断裂韧度的定量关联，为高性能混凝土配合比优化提供了理论依据。这些技术突破使裂缝萌生阈值、扩展速率及分形特征等关键参数的预测精度提升至亚毫米级。

在结构响应分析方面，FEM 实现了从静力到动力、从线性到非线性的全工况覆盖。在桥梁工程中，通过车桥耦合振动分析可量化移动荷载下梁体的动力放大系数，指导预应力筋的优化布置；高层建筑基础沉降模拟采用接触算法处理土-结相互作用，成功预测了不均匀沉降引发的结构内力重分布。地震响应分析中，时程分析法结合 Rayleigh 阻尼模型，可精确捕捉结构在脉冲型地震波作用下的位移响应峰值与残余变形，为基于性能的抗震设计提供数据支撑。

在施工过程模拟方面，热-力耦合分析揭示了大体积混凝土水化热效应的空间分布规律，通过温度应力等效算法预测了早期开裂风险，指导了冷却水管布置方案的迭代优化。型钢混凝土组合结构施工模拟采用生死单元技术，动态再现了模板支撑体系拆除对核心区应力重分布的影响，验证了"强节点"构造措施的有效性。这些技术手段使施工缺陷的预见性控制成为可能，显著提升了工程质量管控水平。

在耐久性评估方面，多物理场耦合分析框架实现了环境载荷与力学行为的交叉模拟。氯离子传输模型耦合达西定律与能斯特-普朗克（Nernst-Planck）方程，建立了孔隙率、湿度场与离子扩散系数的动态关联，为腐蚀风险预测提供了量化工具。冻融循环模拟采用相场法追踪孔隙水相变过程，通过损伤变量演化规律揭示了表层剥落与内部微裂纹的交互作用机制。

（3）多尺度模拟方法

多尺度建模技术为混凝土材料性能的精准预测提供了革命性工具，其技术框架覆盖了从纳米凝胶到宏观结构的完整尺度链，形成了跨尺度参数传递与多物理场耦合的协同分析体系。在材料本构建模领域，该技术通过建立四级尺度关联模型，实现了微观结构特征到宏观力学行为的定量映射：在纳米尺度，原子模拟揭示了 C-S-H 凝胶的裂纹扩展机制与弹性模量演化规律；微观尺度采用代表性体积元（RVE）方法，将水泥浆体的流变特性与水化程度相关联；介观尺度通过沃罗诺伊（Voronoi）算法重构骨料级配分布，量化界面过渡区（ITZ）的力学薄弱效应；宏观尺度则建立考虑异质性的弹塑性本构模型，成功表征混凝土在复杂应力路径下的非线性响应。这种尺度递进建模策略使宏观本构参数具备微观物理基础，显著提升了模型在循环荷载、高温劣化等复杂工况下的预测精度。

在断裂机理研究方面，多尺度模拟实现了从原子级裂纹成核到结构级破坏的全过程追踪：纳米观测发现 C-S-H 层间钙离子迁移受阻引发局部应力集中，成为微观裂纹萌生源；介观模拟揭示骨料-砂浆界面脱粘导致的应变能释放，驱动微裂纹向宏观裂缝演化；宏观分析采用扩展有限元法（XFEM）捕捉裂缝分叉现象，结合内聚力模型（CZM）量化断裂能释放率。这种跨尺度裂缝追踪技术，使混凝土断裂韧度的尺寸效应、率相关性等特征参数的预测误差降低，为结构抗裂设计提供了理论依据。

在耐久性评估方面，微观尺度反应迁移模型揭示了氯离子在 C-S-H 孔隙网络中的扩散通道形成机制，发现界面区钙溶蚀使离子扩散系数提升；介观模拟建立冻融循环下的损伤累积模型，量化孔隙水相变引发的体积膨胀应力；宏观分析则耦合碳化深度预测模型，实现大气环境下钢筋锈蚀风险的时空分布预测。这种多尺度耐久性评估框架，使混凝土结构设计寿命内的劣化轨迹可视化，为防护涂层设计、阴极保护方案优化提供了量化工具。

在结构响应分析方面，多尺度技术实现了从材料劣化到结构失效的全链条模拟。在构件尺度，热-力-化学耦合模型准确预测了大体积混凝土的水化热分布与早期开裂风险；在结构尺度，地震响应分析采用多尺度子结构技术，将关键节点的细观损伤演化与整体结构振动特性动态关联；长期性能预测则建立徐变-损伤耦合模型，通过微观黏弹性参数传递，实现桥梁、大坝等结构使用期内的变形重分布模拟。

综上所述，通过科学地应用分子动力学、有限元分析、多尺度模拟以及机器学习等核心计算模拟技术，并结合先进的软件工具，辅以严格的验证流程，能够实现了对混凝土材料微观结构及其物理力学性能的系统剖析，阐释混凝土材料的内在本质特性，为混凝土在实际工程应用中的性能优化提供理论支撑。

6.1.3　混凝土模拟的典型应用案例

（1）分子动力学模拟

研究胺分子（TEPA、PAM 和 TEA）对水化硅酸钙（C-S-H）凝胶结构及力学性能的影响。研究通过构建 C-S-H 凝胶模型及其与 TEPA、PAM 和 TEA 分子嵌入的复合体系，结合 GCMC 方法引入水分子，模拟了不同湿度条件下的 C-S-H 凝胶行为（图 6-2）。结果表明，胺分子的嵌入显著改变了 C-S-H 凝胶的几何尺寸和密度：线性结构的 TEPA 分子导致凝胶体积轻微收缩，而分支结构的 PAM 和 TEA 分子则引发体积膨胀。这一现象主要源于胺分子与 C-S-H 凝胶中 Ca-Si 层的相互作用差异。进一步分析显示，胺分子与 C-S-H 凝胶间的相互作用主要通过 N、O 及活性 H 原子与 Ca 原子形成氢键或非共价相互作用。其中，TEPA 分子以 N 原子与 Ca 原子结合为主，PAM 和 TEA 分子则通过 N、O 及活性 H 原子与 Ca 原子形成更强的相互作用，从而影响原子在层间区域的分布。单轴拉伸载荷下，研究揭示了 C-S-H 凝胶及其嵌入胺分子的纳米复合材料的变形与断裂机制。TEPA 嵌入体系表现出较低的屈服强度与初始切线模量；PAM 嵌入体系在局部应力集中区域呈现更高的屈服强度；而 TEA 嵌入体系因层间弱相互作用导致屈服应变显著降低。研究证实，胺分子通过氢键及范德瓦耳斯力等非共价作用显著增强了 C-S-H 凝胶的力学性能，但不同结构胺分子对凝胶性能的调控存在差异，为水泥基材料的功能化改性提供了理论依据。

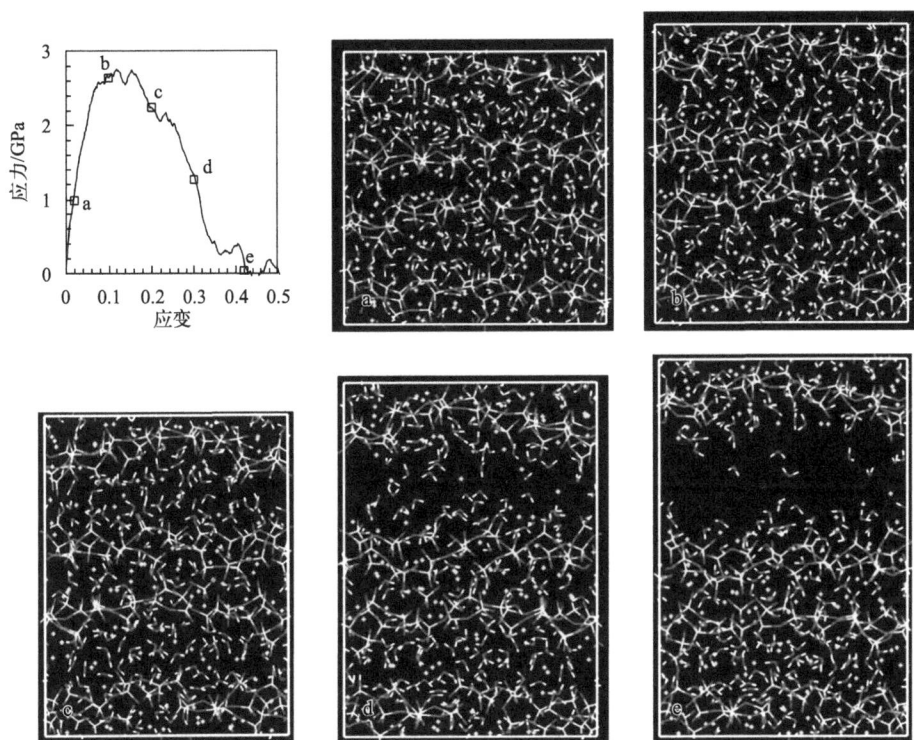

图 6-2　单轴拉伸载荷下 C-S-H 凝胶在五个不同阶段的变形和失效过程预测

（2）有限元分析

研究在不同灌浆缺陷和初始预应力水平下，腐蚀作用对梁体整体及局部响应的影响（图 6-3）。研究首先对后张法预应力混凝土梁体进行了试验，并设置了三种不同的灌浆条件：完全灌浆、完全未灌浆以及在跨中或侧向截面部分灌浆。试验结果表明，灌浆缺陷显著影响梁体的抗弯承载力和变形能力；而初始预应力水平对梁体极限承载力影响有限，但在正常使用阶段对变形控制至关重要。基于实验数据，研究建立了精细化的有限元模型，并通过 ABAQUS 软件进行数值模拟。模型中考虑了钢绞线腐蚀后的应力-应变关系变化，模拟了从轻微到严重三种腐蚀程度对梁体性能的影响。研究重点分析了腐蚀与灌浆缺陷、预应力水平之间的相互作用，以及这些因素如何共同影响梁体的跨中挠度、力-位移关系和应力分布。数值模拟结果显示，局部灌浆缺陷对梁体承载力的削弱作用大于整体灌浆缺陷，主要由于部分黏结配置下应变需求增加所致。腐蚀钢绞线会导致梁体由延性破坏模式转变为脆性破坏模式，可能引发未腐蚀钢绞线的过早断裂。严重腐蚀场景可模拟局部断裂效果，使梁体行为接近钢绞线被切断的情况。研究指出，在实际工程中，对于具有未黏结钢绞线的梁体，在严重腐蚀和低残余预应力情况下，预应力引起的垂直挠度可能完全消失，梁体仅在自重作用下就可能发生向下挠曲。

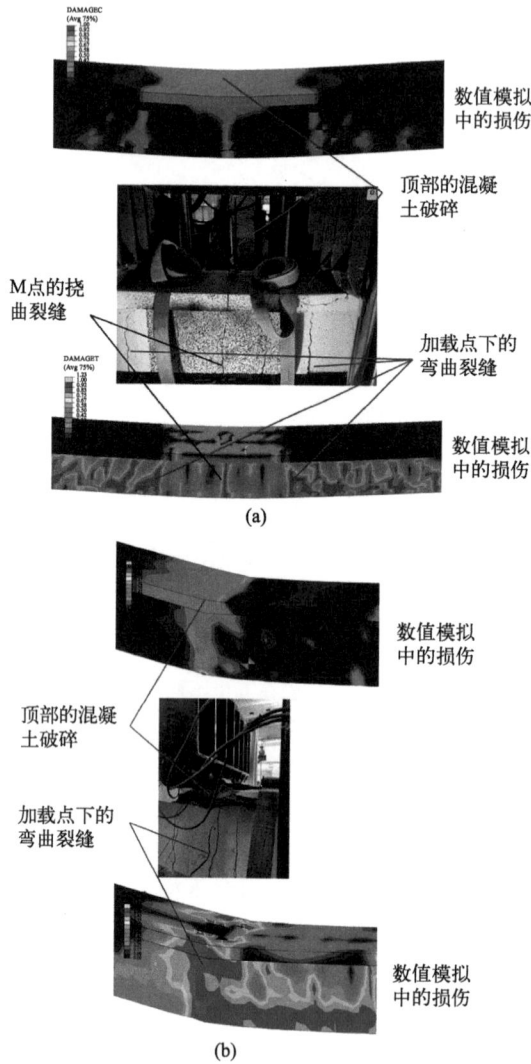

(a)

(b)

图 6-3　试验与数值模拟的极限状态对比

6.2　钢材

　　建筑钢材是由碳素结构钢与低合金结构钢经由轧制、锻造等工艺加工而成的金属制品，主要包括型钢、钢板及钢筋三大类。此类钢材材质均匀且密实，具备高强度、优良的塑性和冲击韧性，能够承受较大的冲击与震动荷载，且易于通过焊接、铆接及直螺纹连接等方式进行装配。钢材也有局限性：其表面易于发生锈蚀，需借助涂层或采取环境防护措施以提升耐久性；其耐火性能相对较弱，在高温环境下强度会大幅下降，故需通过防火设计加以弥补。尽管如此，建筑钢材凭借其卓越的力学性能和灵活的加工特性，已然成为高层建筑、大跨度空间结构、桥梁工程及装配式建筑等诸多领域的核心材料，其广泛应用持续推动着建筑技术的革新与发展。

6.2.1 钢材的结构与物理性能

钢材的晶体结构对其宏观力学性能具有决定性影响。常见的金属晶格类型包括体心立方晶格（BCC）、面心立方晶格（FCC）和密排六方晶格（HCP）。以纯铁为例，其晶体结构会随温度变化发生同素异构转变：液态纯铁冷却至1538℃时开始结晶，形成具有体心立方晶格（BCC）的 δ-Fe；温度降至1394℃时，δ-Fe 通过同素异构转变转化为面心立方晶格（FCC）的 γ-Fe；当温度进一步降至912℃时，γ-Fe 再次发生结构转变，重新形成体心立方晶格的α-Fe。

钢的力学性能本质上取决于其晶体结构的多个关键特征。从微观层面看，钢的晶体结构中，金属原子通过金属键结合，这种结合方式既赋予材料较高的强度，又保持良好的塑性变形能力。实际工程中使用的钢材多为多晶体结构，由大量晶粒随机取向组成，这种无序排列使得钢材在宏观尺度上表现出各向同性的力学特性。进一步分析晶体结构可知，特定晶面内的原子排列密集且原子间结合力较强，而相邻晶面间的原子间距较大、结合力较弱。这种结构特性使得钢材在外力作用下，容易沿密排面发生相对滑移，从而展现出优异的塑性变形能力。此外，钢的晶体结构中还广泛存在各类缺陷，如空位、位错和晶界等。这些缺陷不仅影响材料的力学性能，还对扩散、相变等物理化学过程产生重要作用。例如，位错的运动是塑性变形的主要载体，而晶界则通过阻碍位错运动来强化材料。

建筑钢材的物理力学性能是保障工程结构安全与耐久性的关键。物理性能包括密度、比热容、导热系数、热膨胀系数、磁性和电导率等。力学性能包括强度、塑性、冲击韧性、耐疲劳性、硬度和冷弯性能等。

（1）密度

钢材标准密度约为 $7.85g/cm^3$，该参数构成结构自重计算的基础。在轻量化设计需求显著的工程领域（如大跨空间结构、超高层建筑），表观密度与理论密度的差异具有重要工程意义。控制化学成分波动与孔隙率，可使表观密度偏差范围控制在 ±1.5% 以内，为结构优化设计提供精确输入参数。

（2）导热系数

钢材的导热系数约为 $58W/（m \cdot K）$，具有优异的热传导能力。若用于保温隔热结构，会导致室内热量散失，不利于建筑节能。在建筑设计与施工中，需充分考量钢材的热传导特性。特别是在高温环境或具有防火要求的建筑中，应采取相应隔热措施。对于建筑外墙、屋面等保温隔热部位，常采用隔热性能良好的材料包覆钢材，或选用低导热系数的钢材复合材料，以降低热量传递，提高建筑保温性能。

（3）热膨胀系数

热膨胀系数表征材料随温度变化时的体积或长度变化率，反映了原子间作用力随温度变化的响应规律。钢材的热膨胀系数约为 $1.2 \times 10^{-5}/℃$，该系数对钢结构的温度变形与应力分布具有显著影响。在工程设计与施工阶段，需充分考量温度变化对钢材性能的作用，并针对性地采取温度补偿措施。在高温环境下，钢材因热膨胀效应产生伸长变形；若结构约束条件较强，将引发较大的热应力，可能导致构件出现变形甚至开裂。钢结构中的螺栓、焊缝等连接部位，也会因温度波动产生的膨胀或收缩而出现松动现象，进而降低结构整体稳定性。

（4）磁性

钢材作为铁磁性材料，具有被磁铁吸引的物理特性。在建筑工程中，磁性检测被广泛应用于钢材质量评估与缺陷检测领域。

磁性检测技术可通过测定钢材中铁磁性元素（如铁、镍、钴）的含量变化，辅助识别钢材类型和划分等级，从而避免因材料误用导致的结构性问题，保障施工安全。

在缺陷检测方面，磁粉检测适用于钢材表面及近表面裂纹、气孔、夹杂物等缺陷的识别，通过磁场作用使磁粉在缺陷处聚集，实现直观判定；而磁记忆检测则能捕捉钢材内部应力集中区域及潜在裂纹萌生点，为疲劳损伤预警提供依据。这些方法在焊接接头、螺栓连接部位等关键节点的质量控制中发挥着重要作用。

（5）电导率

钢材具有较高的电导率，约为 $10^7 S/m$，是性能良好的电磁屏蔽材料。在电子设备室、通信基站等对电磁环境要求严格的场所，采用钢材构建结构，能够有效降低外界电磁干扰对内部设备的影响，保障设备稳定运行。当遭遇高频电磁场时，钢材表面会产生涡流，涡流所形成的反向磁场可抵消外界电磁干扰，进而实现电磁屏蔽。然而，钢材的高电导率在变化的电磁场环境中也存在一定弊端。基于电磁感应效应，钢材会产生感应电流与感应磁场，可能引发电磁噪声，干扰电子设备正常运转，对建筑结构及设备运行产生不利影响。实践表明，综合运用叠层结构、表面绝缘处理等技术手段，可显著提升钢结构电磁屏蔽效能，同时有效控制温升，实现电磁防护与结构安全的协同保障。

（6）强度

钢材的强度是指其抵抗外力作用而不发生破坏的能力，是评估其承载能力的核心指标。在实际工程应用中，钢材会遭遇多种不同形式的外力，根据这些外力的不同作用方式，钢材的强度通常可以细分为抗拉强度、抗压强度、抗弯强度、抗剪强度、疲劳强度和冲击强度等。

抗拉强度反映钢材在拉伸载荷下的极限承载能力，其本质是晶格滑移系统启动与位错增殖的宏观体现。当拉伸应力达到临界值时，材料发生颈缩断裂，该指标直接决定受拉构件的安全储备。

抗压强度表征材料在压缩状态下的稳定性，其破坏模式通常为晶格畸变导致的失稳屈曲。对于轴压构件，抗压强度是控制截面尺寸的关键参数。

抗弯强度体现钢材在弯曲载荷下的综合承载能力，受截面中性轴位置与应力分布规律影响。在梁板结构中，抗弯强度直接关联结构跨高比与变形控制标准。

抗剪强度反映材料抵抗剪切滑移的能力，其破坏机制与晶面间结合力密切相关。在节点连接部位，抗剪强度是保障荷载传递路径完整性的核心指标。

疲劳强度表征材料在循环载荷下的裂纹萌生-扩展抗力，受微观缺陷与应力集中系数控制。对于承受动载的结构，疲劳强度是设计寿命周期内的关键控制指标。

冲击强度反映材料在动载作用下的能量吸收能力，低温环境会显著降低冲击韧性，引发冷脆断裂风险。在抗震设计或冲击防护领域，该指标直接关联结构抗灾变能力。

（7）塑性

塑性是指钢材在外力作用下产生塑性变形而不破坏的能力，是衡量钢材变形能力的重要指标。塑性通常用伸长率、断面收缩率和冷弯性能来表示。

伸长率反映均匀塑性变形能力，高伸长率材料在颈缩前可吸收更多变形能，避免脆性断裂。断面收缩率表征局部塑性变形能力，该指标与材料应变硬化速率相关，高值材料在复杂应力状态下具有更高安全裕度。冷弯性能通过弯曲试验验证材料在复杂应变路径下的成型能力，反映晶粒取向与第二相粒子分布对塑性的影响，是评估构件加工可行性的重要指标。

（8）硬度

硬度是衡量钢材表面局部体积内抵抗外物压入产生塑性变形能力的重要指标，是评估材料软硬程度的核心参数。硬度不仅直接影响材料在使用过程中的耐磨性、抗划伤能力和疲劳寿命，还对材料的整体性能有着显著影响。

常用的硬度测定方法包括布氏硬度、洛氏硬度和维氏硬度，其核心原理均为通过标准化压头对钢材表面施加荷载并测量压痕特征。布氏硬度适用于测定较软或中等硬度钢材，通过测量钢球压痕直径计算硬度值，常用于铸造件或焊接接头质量评估；洛氏硬度以锥形金刚石压头或钢球压头快速加载，通过压痕深度差直接读取硬度值，适合批量检测薄板或精密零件；维氏硬度采用正四棱锥形金刚石压头，通过显微压痕对角线长度计算硬度值，广泛应用于小尺寸试样或表面硬化层分析。

硬度值与耐磨性、抗划伤能力正相关，在摩擦副设计中是核心控制指标。通过调控碳化物析出行为与晶粒尺寸，可实现硬度与韧性的合理匹配，满足高磨损工况的性能需求。

6.2.2 钢材的模拟方法

实现钢材性能优化的核心在于进行微观机制与宏观行为的跨尺度分析，建立一个包含原子、介观、宏观尺度以及智能分析的多维模拟系统。在微观尺度上，追踪铁基体与合金元素之间的原子相互作用，阐释位错运动机制和相变过程，为合金设计提供了原子级别的理论支持。在介观尺度上，构建包含晶粒和相分布特征的代表性体积单元，量化多相组织之间的力学相互作用，揭示组织特征对宏观性能的影响规律。同时系统需要实现跨尺度信息的有效传递，建立微观特征与宏观性能之间的非线性映射关系，提高材料设计的效率。

（1）分子动力学技术

分子动力学（MD）技术作为原子尺度模拟的核心工具，在钢材性能优化研究中展现出多维度的技术价值。在钢材制造工艺优化层面，MD技术可模拟钢液凝固过程中的微观组织演化。通过设定冷却速率、温度梯度等工艺参数，可实时追踪晶核形成、晶粒生长及相选择行为。

在材料基因组工程方面，MD技术通过构建超胞模型，可精确计算晶格常数、层错能等本征参数，建立成分-结构-性能的关联图谱。在相变机理研究中，MD成功再现了奥氏体向铁素体、贝氏体等转变的原子迁移路径，揭示了碳扩散控制的动力学特征为淬火介质选择、回火温度优化等热处理工艺设计提供了原子级理论依据。

在材料缺陷工程领域，MD技术可模拟点缺陷、位错、晶界等缺陷的演化行为。通过构建三维缺陷网络模型，可分析氢陷阱效应、夹杂物-基体界面结合强度等关键参数。该技术还能模拟应力腐蚀开裂过程中的氢致脆化行为，助力高强钢的氢脆防控。

在力学性能研究方面，MD 技术过施加准静态或动态载荷，可模拟拉伸、压缩、疲劳等复杂加载路径下的变形行为。MD 计算可解析位错增殖、孪晶形核等塑性变形机制，建立加工硬化速率与微观组织的定量关系。在断裂机理研究中，MD 成功再现了裂纹尖端原子级断裂过程，揭示了韧脆转变的温度依赖性本质，为高强高韧钢的成分设计提供了理论支撑。

在热学性能模拟方面，MD 技术可计算热膨胀系数、热导率等参数的温度响应特性。通过构建非平衡态模拟体系，可分析声子散射机制对热传导的影响规律，为高温合金的抗氧化设计提供依据，如热障涂层材料的选型、界面结合强度评估等。

在表面工程领域，MD 技术可模拟氧化膜生长、腐蚀介质吸附等界面行为。通过构建表面吸附模型，可分析 Cl^-、S^{2-} 等腐蚀性离子对钝化膜的破坏机制，指导耐蚀钢的合金设计。该技术还能模拟有机缓蚀剂分子在金属表面的吸附构型，揭示缓蚀效率与分子结构的构效关系，助力环保型缓蚀剂开发。

分子动力学（MD）技术作为原子尺度模拟的核心工具，在钢材性能优化研究中展现出多维度的技术价值。在钢材制造工艺优化层面，MD 技术可模拟钢液凝固过程中的微观组织演化。通过设定冷却速率、温度梯度等工艺参数，可实时追踪晶核形成、晶粒生长及相选择行为。

在材料基因组工程方面，MD 技术通过构建超胞模型，可精确计算晶格常数、层错能等本征参数，建立成分-结构-性能的关联图谱。在相变机理研究中，MD 成功再现了奥氏体向铁素体、贝氏体等转变的原子迁移路径，揭示了碳扩散控制的动力学特征为淬火介质选择、回火温度优化等热处理工艺设计提供了原子级理论依据。

在材料缺陷工程领域，MD 技术可模拟点缺陷、位错、晶界等缺陷的演化行为。通过构建三维缺陷网络模型，可分析氢陷阱效应、夹杂物-基体界面结合强度等关键参数。该技术还能模拟应力腐蚀开裂过程中的氢致脆化行为，助力高强钢的氢脆防控。

在力学性能研究方面，MD 技术过施加准静态或动态载荷，可模拟拉伸、压缩、疲劳等复杂加载路径下的变形行为。MD 计算可解析位错增殖、孪晶形核等塑性变形机制，建立加工硬化速率与微观组织的定量关系。在断裂机理研究中，MD 成功再现了裂纹尖端原子级断裂过程，揭示了韧脆转变的温度依赖性本质，为高强高韧钢的成分设计提供了理论支撑。

在热学性能模拟方面，MD 技术可计算热膨胀系数、热导率等参数的温度响应特性。通过构建非平衡态模拟体系，可分析声子散射机制对热传导的影响规律，为高温合金的抗氧化设计提供依据，如热障涂层材料的选型、界面结合强度评估等。

在表面工程领域，MD 技术可模拟氧化膜生长、腐蚀介质吸附等界面行为。通过构建表面吸附模型，可分析 Cl^-、S^{2-} 等腐蚀性离子对钝化膜的破坏机制，指导耐蚀钢的合金设计。该技术还能模拟有机缓蚀剂分子在金属表面的吸附构型，揭示缓蚀效率与分子结构的构效关系，助力环保型缓蚀剂开发。

（2）有限元方法

有限元方法（FEM）作为现代工程领域的核心数值分析工具，在钢材全生命周期研究中构建了从微观组织演变到宏观服役性能的全尺度仿真框架。通过建立多物理场耦合分析模型与高精度数值求解体系，FEM 实现了材料加工-结构服役-失效分析的全链条技术突破，为钢铁材料技术创新提供了关键理论支撑。

在材料成形领域，FEM 通过热-力-相变多场耦合建模，突破了传统工艺试验的时空限制。以钢结构焊接变形控制为例，基于 ABAQUS 平台构建的移动热源-熔池流动-残余应力演化模型，成功解析了大型钢塔现场焊接中的复杂热力行为。通过工艺对比发现，分中对称焊接工艺可显著改善塔身截面畸变，为焊接变形控制提供了量化依据。在塑性加工领域，动态显式算法可精确捕捉 A3 钢缩口成形过程中的应变分布特征，通过优化轧辊转速与压下量参数组合，有效控制了起皱缺陷，提升了成形极限。针对热处理工艺，FEM 耦合热物性参数与相变动力学模型，实现了对组织转变的定量预测，为高性能钢材的成分-工艺协同设计提供了数字化工具。

在结构力学性能评估中，FEM 构建了静力-动力-疲劳的全维度分析体系。静力分析通过高阶单元与各向异性本构模型，准确计算了钢梁、桁架等结构的应力集中系数与变形协调性，为结构优化设计提供了理论依据。针对复杂环境服役结构，流-固-热多场耦合模拟技术量化了典型建筑结构在风振-温度场耦合作用下的动态响应，为抗震-抗风一体化设计提供了关键数据。疲劳分析模块结合雨流计数法与断裂力学模型，建立了关键构件的裂纹扩展路径追踪方法，通过疲劳寿命预测数据库建设，为重大工程维护策略制定提供了科学支撑。

在材料基因工程层面，应用 FEM 构建的三维晶粒拓扑模型成功模拟了奥氏体晶粒在加热-冷却过程中的异常长大行为，揭示了第二相粒子对晶粒尺寸的调控机制，为先进高强钢的组织优化提供了理论指导。在断裂机理研究方面，耦合 GTN 损伤模型与自适应网格技术的仿真框架，实现了裂纹尖端塑性区演化的动态捕捉，深化了对氢致延迟裂纹、应力腐蚀开裂等失效模式的微观机制认知。

在装备设计领域，刚柔耦合动力学模拟技术显著降低了轧钢机辊系振动幅值，通过优化关键结构参数，大幅提升了设备运行稳定性。工艺优化方面，FEM 构建了加工参数-材料响应的数字孪生映射关系，采用全局优化方法对轧制工艺参数进行优化，有效提升了热连轧带钢的板形精度与成材率。

（3）多尺度模拟方法

多尺度模拟技术通过构建原子级、介观尺度与连续介质尺度的计算模型，突破了单一尺度模拟的局限性，实现了从原子扩散机制到宏观力学行为的跨尺度关联，在钢铁材料研发体系中展现出显著的技术优势。

在制造工艺优化领域，多尺度模拟建立了工艺参数-微观组织-宏观性能的数字化映射关系。针对钢水凝固过程，通过耦合分子动力学（MD）与相场法（PF），实现了从原子排列重构到枝晶生长的全过程模拟。MD 模拟解析了凝固初期溶质原子扩散与晶核形成动力学，PF 模型则跟踪了宏观偏析与显微组织演化，结合计算流体力学（CFD）可优化连铸工艺参数。

在性能预测与失效分析方面，多尺度模拟构建了微观机制-宏观响应的桥梁。通过耦合原子级模拟、晶体塑性理论与宏观有限元方法（FEM），实现了钢材强度-韧性协同优化。该框架成功解析了位错滑移、孪晶变形及相变诱发塑性（TRIP）效应的微观机制，为高强钢的成分-工艺设计提供了理论依据。针对疲劳断裂行为，分子动力学模拟揭示了裂纹尖端位错发射规律，扩展有限元（XFEM）则实现了复杂几何条件下裂纹扩展路径的预测，建立了微观损伤机制与宏观 S-N 曲线的定量关联。

在工程应用层面，多尺度模拟通过整合热力学、动力学与流变学模型，实现了热机械加工过程的多场耦合模拟。宏观 FEM 预测了轧制过程的应力-应变分布，介观晶体塑性模型跟踪了动态再结晶行为，原子级模拟则解析了加工硬化机制，三尺度的耦合优化显著提升了产品性能一致性。

6.2.3　钢材模拟的典型应用案例

（1）分子动力学模拟

研究采用分子动力学（MD）模拟方法，系统分析了冷却速率、层厚、基底温度以及合金夹杂物对最终缺陷结构的影响。通过构建纳米尺度的金属柱模型，模拟了熔池逐层添加并在等压条件下冷却至目标温度的过程，利用多面体模板匹配（PTM）技术观察了原子尺度缺陷的演化（图 6-4）。研究发现，熔池的凝固过程存在两个方向的凝固前沿，一个从与较冷晶格接触的熔池底部快速推进，另一个从熔池顶部较慢推进。缺陷结构的形成强烈依赖于这两个凝固前沿的速度。当快速凝固前沿在较慢凝固前沿从顶部启动之前到达熔池顶部时，可以获得无缺陷的单晶。此外，降低冷却速率可以减少缺陷，但低于某一临界速率后，这种益处会减弱。提高粉末床温度至某一临界温度也能显著降低缺陷含量，但过高的温度会导致非晶态增加。研究还探讨了软夹杂物（如 SiS_2）和硬夹杂物（如 SiC）对缺陷结构的影响。硬夹杂物会导致缺陷结构保留，而软夹杂物相比纯金属能减少缺陷含量。通过详细分析不同层厚、冷却时间和基底温度下的缺陷演化，研究揭示了这些参数如何影响凝固前沿的速度和相互作用，进而决定最终的缺陷结构。研究结果表明，在纳米尺度增材制造过程中，通过精确控制冷却速率、层厚和基底温度，可以有效减少缺陷形成。提高粉末床温度至某一最佳值，可以在减少位错缺陷的同时避免非晶态的过度增加。

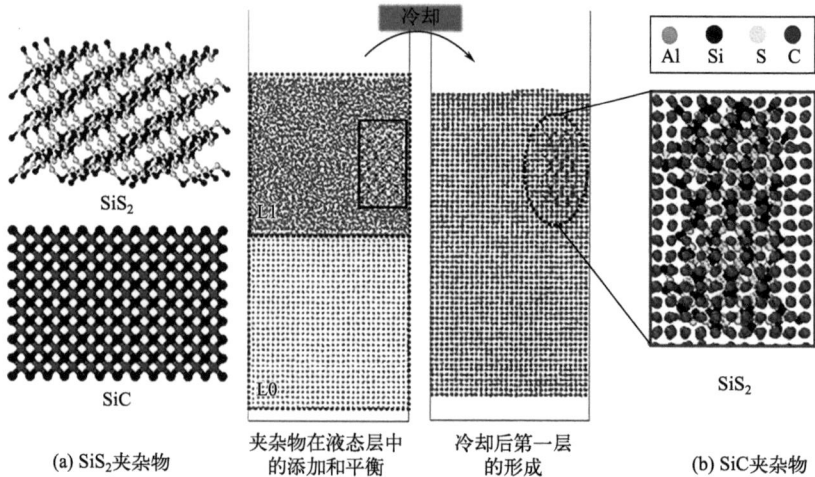

图 6-4　SiS_2 夹杂物和 SiC 夹杂物在铝基体中的凝固结构

（2）有限元分析

研究利用模糊有限元模型（fFEM）结合本征应变理论，对货物转运船（CTV）关键结构的焊接变形进行高效预测。论文提出了一种创新的模糊有限元模型，该模型基于本征应变理论，并通过遗传算法优化，以实现对 CTV 关键结构焊接变形的快速准确预测（图 6-5）。在研究方法上，论文首先利用热弹塑性有限元模型对单道板槽焊缝和多道角焊缝进行了模拟分析，获得了焊接变形和残余应力的分布，并通过实验验证了模拟结果的准确性。基于这些结果建立了模糊有限元模型，用于计算焊接过程中引起变形的本征应变分布，并将其集成到弹性有限元模型中。通过遗传算法优化模糊有限元模型的参数，使得模型预测的位移与实际测量位移之间的均方误差（MSE）最小化。

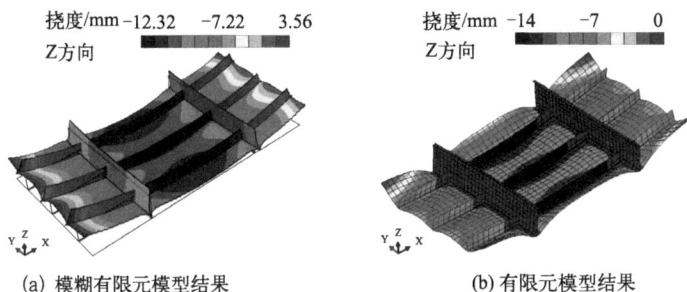

挠度/mm −12.32　−7.22　3.56
Z方向

挠度/mm −14　−7　0
Z方向

(a) 模糊有限元模型结果　　　　　(b) 有限元模型结果

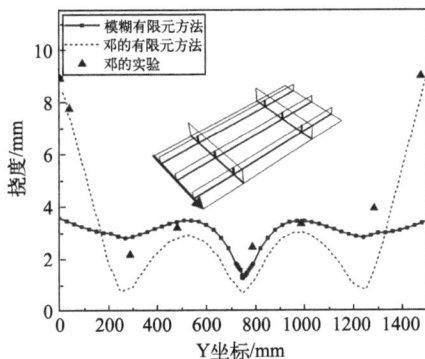

(c) fFEM与试验结果的对比

图 6-5　组件焊接变形的预测

第7章
材料模拟的发展方向

材料模拟作为计算材料学的核心手段，正处于快速变革与突破的关键时期，对材料科学的发展有着深远意义。它不仅革新了我们对材料微观机制的认知方式，还推动着材料研发模式从传统的"试错法"向精准计算设计的方向转变。以下将从多尺度计算方法的进一步融合、人工智能与机器学习的应用以及实验技术的发展等方面详细探讨高熵合金计算模拟的未来发展方向。

（1）多尺度计算方法的深度融合

传统材料模拟往往局限于单一尺度，如密度泛函理论（DFT）聚焦于电子结构（<1nm），而有限元分析（FEA）侧重宏观力学响应（>1mm）。未来，多尺度模拟的核心挑战在于构建从电子-原子-介观-宏观的无缝衔接模型。在金属材料的服役性能预测中，将 DFT 计算的原子间相互作用势能作为分子动力学（MD）模拟的输入，可追踪位错运动、晶界演化等微观动态过程；将 MD 模拟得到的微观结构与力学性能数据，整合至介观尺度的相场模型，描述材料在加工过程中的组织演变；利用 FEA 将介观结构信息映射到宏观构件的力学响应，预测其在复杂载荷下的变形与失效行为。这种全链条建模有望实现从材料原子级设计到宏观产品性能的一体化预测，显著缩短研发周期，为材料科学研究提供更全面、系统的理论框架，极大提升研究的学术深度与广度。

实现多尺度模拟的关键在于开发高效的耦合算法。当前，常见的耦合策略包括基于粗粒化的多尺度分子动力学（CG-MD）、自适应多尺度有限元方法（AMFEM）及多物理场耦合算法（如热-力-电耦合）。未来的多尺度计算方法将更加关注动态过程的模拟。现有的计算方法大多侧重于静态结构和热力学性质的研究，而对于动态行为的描述相对不足。通过引入时间依赖性的计算模型，可以在更大范围内捕捉材料的行为特征，如扩散过程、相变路径和机械响应等。结合 DFT 和 MD 方法，不仅可以计算出静态条件下的电子结构和能带结构，还能模拟长时间的动力学过程，揭示材料在实际使用环境中的行为规律。这将有助于深入理解 HEAs 的复杂行为机制，并为优化材料设计提供重要依据。未来的多尺度计算方法将更加关注动态过程的模拟。现有的计算方法大多侧重于静态结构和热力学性质的研究，而对于动态行为的描述相对不足。通过引入时间依赖性的计算模型，可以在更大范围内捕捉材料的行为特征，如扩散过程、相变路径和机械响应等。

（2）人工智能驱动的材料发现与设计

机器学习已成为材料模拟领域的颠覆性技术。基于大数据集训练的机器学习模型，可快速筛选海量材料成分组合，预测材料性能，显著超越传统试错法的效率。在高温合金设计中，利用深度学习算法（如卷积神经网络，CNN）分析成分、晶体结构与高温强度的关联，可在数百万种潜在合金成分中，快速识别出具有优异高温稳定性的候选材料，预测准确率超过 90%。在电池材料领域，机器学习模型可根据电极材料的电子结构、晶体结构及界面性质，精准预测电池的充放电容量、循环寿命及倍率性能，加速新型高性能电池材料的开发。这一发展方向不仅改变了材料研发的模式，还为材料科学与其他学科的交叉融合提供了新途径，促进了跨学科研究的发展，在学术层面推动了材料科学的创新。利用深度神经网络（DNN）对已知材料的成分与性能关系进行训练，可以建立高性能材料的预测模型。该模型可以根据输入的材料成分，迅速预测出其力学性能、耐腐蚀性和热稳定性等关键指标，大大缩短了新材料开发的时间周期。基于主动学习策略，可以逐步优化训练数据集，使模型不断迭代更新，提高预测精度。通过这种方式，研究人员可以在短时间内筛选出最具潜力的材料组合，显著提高研发效率。

通过对大量实验数据和计算模拟结果进行分析，可以挖掘出隐藏在其中的规律和模式，进而建立可靠的性能预测模型。利用随机森林或梯度提升决策树（GBDT）等机器学习算法，可以预测材料在不同温度、压力条件下的相稳定性和力学响应。这类模型不仅能够提供定量预测，还能给出影响性能的主要因素及其相互作用关系，为优化材料设计提供了重要参考。基于迁移学习技术，可以将已有材料体系的知识迁移到新体系中，进一步提高模型的泛化能力和预测精度。这种方法不仅适用于单一类型的材料，还可以推广到多种材料体系，为材料科学的整体进步贡献力量。

利用生成对抗网络（GANs）可以生成大量具有特定性能要求的材料成分组合，供后续实验验证。此外，基于自动编码器和变分自动编码器（VAEs）等技术，可以从海量数据中提取关键特征，辅助新材料的设计与优化。这些技术的发展不仅提高了新材料开发的效率，也为实验筛选提供了可靠指导。结合实验技术的进步，如原位表征技术和高通量合成技术，可以进一步加速新材料的发现和开发。

（3）量子计算赋能材料模拟

传统计算方法在处理强关联电子体系（如高温超导材料、过渡金属氧化物）时面临挑战，因其电子间存在复杂的多体相互作用，导致计算量呈指数增长。量子计算通过量子比特与量子门操作，能够更高效地模拟这类体系的量子态。量子蒙特卡罗算法已成功应用于高温超导铜氧化物的电子结构计算，预测其超导转变温度与实验值高度吻合，为理解超导机制提供了关键理论支持。未来，随着量子计算硬件的发展（如量子比特数量的增加、量子门保真度的提升），量子计算有望在多电子体系的基态与激发态计算、复杂材料相图预测等方面取得突破，推动新型量子材料（如拓扑绝缘体、量子自旋液体）的发现与应用。这将填补材料科学在强关联体系研究方面的空白，深化我们对量子材料微观机制的理解，开拓全新的学术研究领域。

量子计算的并行计算能力可大幅缩短材料模拟的计算时间。在材料的振动光谱计算中，传统 DFT 方法需数小时至数天的计算时间，而基于量子算法的模拟可将计算时间缩短至数分钟，显著提升计算效率。此外，量子计算在优化材料结构（如寻找材料的最低能量构型）、模拟材料的动态过程（如光激发下的电子转移）等方面也展现出巨大潜力，有望成为未来材料模拟的核心计算平台，推动材料科学研究进入高速发展阶段。其高效的计算能力将使得研究人员能够处理更复杂的材料体系和更精细的模拟任务，为材料模拟研究带来前所未有的机遇，提升整个材料科学领域的研究水平。

（4）实验与模拟的深度协同

原位实验技术（如原位透射电镜、原位 X 射线衍射）能够实时观测材料在外部刺激（如温度、压力、电场、磁场）下的微观结构演变，为材料模拟提供宝贵的实验数据。未来，原位实验将与实时模拟紧密结合，形成"实验观测—模拟修正—理论预测"的闭环验证机制。在材料的疲劳实验中，通过原位电镜实时观察裂纹的萌生与扩展过程，将实验数据反馈至分子动力学或相场模拟模型，实时修正模型参数，从而更准确地预测材料的疲劳寿命与失效机制。这种深度协同将提升材料模拟的可靠性，加速材料理论的发展与应用。它打破了实验与模拟之间的壁垒，使两者相互促进、共同发展，为材料科学研究提供更可靠的研究方法，推动材料科学理论与实践的双重进步。

通过机器人自动化系统，可以在短时间内完成数千次不同的合成实验，极大地提高了研发效率。结合高通量合成技术，研究人员可以快速获得大量不同成分和结构的材料样品，并通过实验测试其性能。这些实验数据可以为材料模拟提供大量的训练样本，提高机器学习模型的预测精度。通过结合高通量合成技术和计算模拟，可以快速筛选出具有潜在应用价值的新材料，并进行实验验证。这种"计算-实验"相结合的研究模式不仅提高了新材料开发的效率，还为解决实际工程问题提供了全新的解决方案。

（5）材料模拟在新兴领域的应用拓展

随着航空航天、深海探测、核能等领域的发展，对材料在极端环境（如超高温、超高压、强辐射、强腐蚀）下的性能需求日益迫切。材料模拟将在这些领域发挥关键作用，通过构建极端环境下的材料模型，预测材料的性能演变与失效机制，指导新型极端环境材料的设计。在核反应堆材料模拟中，考虑中子辐照、高温高压及腐蚀环境的多场耦合作用，模拟材料的辐照肿胀、脆化及腐蚀行为，为核反应堆的安全运行与材料选型提供理论支撑；在航空发动机高温部件材料模拟中，结合高温燃气腐蚀、热疲劳及机械载荷等因素，优化材料的成分与微观结构，提升部件的使用寿命与可靠性。这不仅满足了新兴领域对特殊材料的需求，还推动了材料模拟技术在复杂环境下的应用研究，拓展了材料科学的研究范畴，具有重要的战略意义与学术价值。

生物材料与仿生材料的兴起，要求材料模拟能够精准描述材料与生物体系的相互作用。未来，材料模拟将深入生物医学领域，模拟生物材料在体内的降解、免疫响应、细胞黏附等行为，为生物可降解植入材料、组织工程支架材料的设计提供理论指导。通过仿生学原理，借鉴生物材料的微观结构与功能机制，研究利用材料模拟设计新型仿生材料，如具有自修复功能的智能材料、仿贝壳高强度复合材料等，拓展材料的应用边界，为解决人类健康与可持续发展问题提供创新材料解决方案。这一应用拓展促进了材料科学与生命科学的交叉融合，为解决全球性挑战提供了新的思路与方法，展现了材料模拟在多学科领域中的重要桥梁作用。

材料模拟正站在科技革命的前沿，多尺度模拟、人工智能、量子计算及实验-模拟协同等技术的融合，将推动材料科学从传统的经验驱动模式向计算设计主导的范式转变。尽管面临计算资源、算法精度、数据整合等挑战，随着技术的持续创新与跨学科合作的深化，材料模拟有望在未来实现从"模拟预测"到"模拟创造"的飞跃，成为发现新型材料、解决关键材料问题的核心驱动力，为全球能源转型、信息技术升级、人类健康改善等重大战略目标提供坚实的材料基础，在学术研究与实际应用中都将发挥不可替代的重要作用。

参考文献

[1] 李玉丹. 计算机模拟技术在物理学中的应用与优化 [J]. 集成电路应用, 2023, 40 (10): 332-334.

[2] 赵琰, 严坤. 电池电极材料中计算机仿真技术的应用 [J]. 储能科学与技术, 2023, 12 (10): 3285-3286.

[3] 高晨鑫, 徐帅, 冯泥静, 等. 数值模拟技术在微成形研究中的应用 [J]. 精密成形工程, 2023, 15 (7): 29-39.

[4] 叶雅欣. 模拟技术促进高中生算法设计能力效果研究 [D]. 福州: 建师范大学, 2023.

[5] 傅亮, 吕金羚, 张锦, 等. 分子模拟技术在食品组分互作体系及安全领域的应用研究进展 [J]. 轻工学报, 2023, 38 (2): 1-13.

[6] 李林轩. 我国材料物理模拟技术的发展与应用研究 [J]. 造纸装备及材料, 2022, 51 (2): 109-111.

[7] 何维均, 陈泽军. 有限元模拟技术在材料力学性能课程教学中的应用 [J]. 中国现代教育装备, 2022 (1): 96-98.

[8] 乐建波, 况小春, 计燕华, 等. 数值模拟技术在"材料力学"教学中的应用研究 [J]. 南方农机, 2021, 52 (16): 146-149.

[9] 李倩. 晶界/异质界面/孪晶界调控纳米金属材料力学行为的模拟研究 [D]. 大连: 大连理工大学, 2021.

[10] 刘建行. 计算机技术在材料科学中的应用 [J]. 造纸装备及材料, 2021, 50 (2): 73-74, 93.

[11] 杨晓云. 计算机模拟技术在高分子材料注塑成型中的应用 [J]. 合成树脂及塑料, 2021, 38 (1): 89-92.

[12] 张艳芳, 杜泓志, 李后英, 等. 采用分子动力学模拟技术研究聚乙烯/脲醛树脂复合材料中水分的扩散 [J]. 绝缘材料, 2020, 53 (9): 37-41.

[13] 刘亦晴. 计算机在材料科学中的运用分析 [J]. 科技经济市场, 2020 (7): 5-6.

[14] 高缨佳, 姚辉, 贝鹏志, 等. 分子模拟研究气体在 4 种膜材料中的分离行为 [J]. 膜科学与技术, 2020, 40 (3): 72-80.

[15] 易宝. 基于分子模拟技术的橡胶对沥青改性作用研究 [D]. 乌鲁木齐: 新疆大学, 2020.

[16] N, Rosenbluth A W, Rosenbluth M N. Equation of State Calculations by Fast Computing Machines [J]. J Chem Phys, 1953, 21 (6): 1087-1092.

[17] Alder B J, Wainwright T E. Phase Transition for a Hard Sphere System [J]. J Chem Phys, 1957, 27 (5): 1208-1209.

[18] Hohenberg P, Kohn W. Inhomogeneous Electron Gas [J]. Phys Rev, 1964, 136 (3B): B864-B871.

[19] Kohn W, Sham L J. Self-Consistent Equations Including Exchange and Correlation

Effects [J]. Phys Rev, 1965, 140 (4A): A1133-A1138.

[20] Car R, Parrinello M. Unified Approach for Molecular Dynamics and Density-Functional Theory [J]. Phys Rev Lett, 1985, 55 (22): 2471-2474.

[21] Verlet L. Thermodynamical Properties of Lennard-Jones Molecules [J]. Phys Rev, 1967, 159 (1): 98-103.

[22] Ryckaert J P, Ciccotti G, Berendsen H J C. Numerical Integration of the Cartesian Equations of Motion of a System with Constraints: Molecular Dynamics of n-Alkanes [J]. J Comput Phys, 1977, 23 (3): 327-341.

[23] 林献, 刘睿琪, 罗家榆, 等. 非磁性轻元素掺杂 $SmCo_5$ 的第一性原理研究 [J]. 福建师范大学学报 (自然科学版)

[24] 石伊健, 董晓茹, 黄楚云, 等. 基于第一原理计算 AlN 和 Cu_2O 表面能的精确方法 [J]. 湖北工业大学学报, 2025, 40 (1): 100-103.

[25] Daw M S, Baskes M I. Embedded-Atom Method: Derivation and Application to Impurities, Surfaces, and Other Defects in Metals [J]. Phys Rev B, 1984, 29 (12): 6443-6453.

[26] 戴祖建. 第一性原理计算的紧束缚模型方法发展及其在磁性拓扑材料中的应用 [D]. 合肥: 中国科学技术大学, 2024.

[27] 张琦祥, 苑峻豪, 李震, 等. 基于第一性原理计算的固溶体合金集成学习设计方法 [J]. 材料导报, 2024, 38 (13): 237-244.

[28] 张波. 砷的输运性质第一性原理计算、GPU 加速方法与高通量计算平台 [D]. 深圳: 深圳大学, 2024.

[29] Kresse G, Furthmüller J. Efficiency of Ab-Initio Total Energy Calculations for Metals and Semiconductors Using a Plane-Wave Basis Set [J]. Comput Mater Sci, 1996, 6 (1): 15-50.

[30] Plimpton S. Fast Parallel Algorithms for Short-Range Molecular Dynamics [J]. J Comput Phys, 1995, 117 (1): 1-19.

[31] van Duin A C T, Dasgupta S, Lorant F, et al. ReaxFF: A Reactive Force Field for Hydrocarbons [J]. J Phys Chem A, 2001, 105 (41): 9396-9409.

[32] Ceder G, Hautier G, Jain A, et al. The Materials Project: Accelerating Materials Design Through Theory-Driven Data and Tools [J]. MRS Bull, 2010, 35 (9): 693-701.

[33] Rupp M, Tkatchenko A, Müller K R, et al. Fast and Accurate Modeling of Molecular Atomization Energies with Machine Learning [J]. Phys Rev Lett, 2012, 108 (5): 058301.

[34] Jumper J, Evans R, Pritzel A, et al. Highly Accurate Protein Structure Prediction with AlphaFold [J]. Nature, 2021, 596 (7873): 583-589.

[35] Arute F, Arya K, Babbush R, et al. Quantum Supremacy Using a Programmable Superconducting Processor [J]. Nature, 2019, 574 (7779): 505-510.

[36] Parrinello M, Rahman A. Polymorphic Transitions in Single Crystals: A New Molecular

Dynamics Method [J]. J Appl Phys, 1981, 52 (12): 7182-7190.

[37] Allen M P, Tildesley D J. Computer Simulation of Liquids [M]. Oxford: Clarendon Press, 1987.

[38] Frenkel D, Smit B. Understanding Molecular Simulation: From Algorithms to Applications [M]. San Diego: Academic Press, 2002.

[39] Chen L Q. Phase-Field Models for Microstructure Evolution [J]. Annu Rev Mater Res, 2002, 32 (1): 113-140.

[40] Groot R D, Warren P B. Dissipative Particle Dynamics: Bridging the Gap Between Atomistic and Mesoscopic Simulation [J]. J Chem Phys, 1997, 107 (11): 4423-4435.

[41] Belytschko T, Liu W K, Moran B. Nonlinear Finite Elements for Continua and Structures [M]. New York: Wiley, 2000.

[42] Curtin W A, Miller R E. Atomistic/Continuum Coupling in Computational Materials Science [J]. Model Simul Mater Sc, 2003, 11 (3): R33-R68.

[43] Jain A, Ong S P, Hautier G, et al. The Materials Project: A Materials Genome Approach to Accelerating Materials Innovation [J]. APL Mater, 2013, 1 (1): 011002.

[44] Saal J E, Kirklin S, Aykol M, et al. Materials Design and Discovery with High-Throughput Density Functional Theory: The Open Quantum Materials Database (OQMD) [J]. JOM, 2013, 65 (11): 1501-1509.

[45] Behler J, Parrinello M. Generalized Neural-Network Representation of High-Dimensional Potential-Energy Surfaces [J]. Phys Rev Lett, 2007, 98 (14): 146401.

[46] Sudhakar V Alapati, J Karl Johnson, David S Sholl. Using first principles calculations to identify new destabilized metal hydride reactions for reversible hydrogen storage [J]. Phys Chem Chem Phys, 2007, 9: 1439.

[47] Bellosta von Colbe J M, Bogdanović B, Felderhoff M, et al. Recording of hydrogen evolution—a way for controlling the doping process of sodium alanate by ball milling [J]. J Alloys Compd, 2004, 370: 104.

[48] Fichtner M, Fuhr O, Kircher O, et al. Small Ti clusters for catalysis of hydrogen exchange in NaAlH$_4$ [J]. Nanotechnology, 2003, 14: 778.

[49] Wang P, Kang X D, Cheng H M. Improved hydrogenstorage of TiF$_3$-doped NaAlH$_4$ [J]. Chem Phys Chem, 2005, 6: 2488.

[50] 田琳, 聂文洁, 王剑飞, 等. 含水量对胆碱基低共熔溶剂的微观结构、密度及黏度影响的分子动力学研究 [J]. 四川大学学报（自然科学版）, 2025, 62 (2): 480-485.

[51] 吴伟俊, 吴峥, 李梦婷. 2-苯基苯并咪唑类 RORγ 反向激动剂的 3D-QSAR、分子对接和分子动力学研究 [J]. 化学通报（中英文）, 2025, 88 (3): 335-343.

[52] 戴敏, 刘炳鑫, 肖纯, 等. 蒙脱石（001）晶面水化作用的分子动力学模拟 [J]. 化学研究与应用, 2025, 37 (3): 624-630.

[53] 胡佳志, 李志辉. 近空间飞行环境双原子混合气体粘性干扰平板流动直接模拟蒙特卡洛方法 [J]. 哈尔滨工程大学学报, 2025 (9): 1-8.

［54］谢瑞木，汪旭光，胡家诚，等．基于有限元方法的铣削振动问题分析与解决［J］．智能制造，2025（1）：93-98.

［55］管性钰，欧尔峰，张旭旭，等．基于随机响应面法的非侵入式随机有限元方法实现与应用［J］．防灾减灾工程学报，2025，45（1）：233-239.

［56］彭雪嵩，江杰，李铭杰，等．基于有限元方法分析加速剂 SPS 对铜柱凸点互连均匀性的影响［J］．电镀与精饰，2025，47（3）：10-17.

［57］王建春，杨冬玲，曹卫平．有限元法工程应用初探［J］．建设科技，2025（5）：65-68.

［58］刘兵，王茂琰，张世田，等．有限元方法研究精细地-电离层波导 VLF 波传播特性［J］．地球物理学报，2023，66（5）：1820-1828.

［59］Mohanty M，Sarkar R，Das K S. Effects of spatial heterogeneity on pseudo-static stability of coal mine overburden dump slope，using random limit equilibrium and random finite element methods：A comparative study［J］．Earthquake Engineering and Engineering Vibration，2025，24（1）：83-99.

［60］YAO Z，WANG S，WU P，et al. An interval finite element method based on bilevel Kriging model［J］．Chinese Journal of Aeronautics，2024，37（12）：1-11.

［61］J A OTERO，Y ESPINOSA-ALMEYDA，R RODRíGUEZ-RAMOS，et al. Semi-analytical finite element method applied for characterizing micropolar fibrous composites［J］．Applied Mathematics and Mechanics（English Edition），2024，45（12）：2147-2164.

［62］Yu-hang T，Zhe Z，Hai-chao L，et al. A Wave Superposition-Finite Element Method for Calculating the Radiated Noise Generated by Volumetric Targets in Shallow Water［J］．China Ocean Engineering，2024，38（5）：845-854.

［63］QIU Z，WANG Z，ZHU B. A symplectic finite element method based on Galerkin discretization for solving linear systems［J］．Applied Mathematics and Mechanics（English Edition），2023，44（8）：1305-1316.

［64］Biye W，Junwu D，Huan J，et al. Numerical simulation on the seismic performance of retrofitted masonry walls based on the combined finite-discrete element method［J］．Earthquake Engineering and Engineering Vibration，2023，22（3）：777-805.

［65］J，R，Rice. Mathematical Analysis in the Mechanics of Materials：A Review［J］．Journal of Applied Mechanics，2019，65（2）：353-358.

［66］Hafner J. Ab-Initio Simulations of Materials Using VASP：Density-Functional Theory and Beyond［J］．J Comput Chem，2008，29（13）：2044-2078.

［67］Giannozzi P，Baroni S，Bonini N，et al. QUANTUM ESPRESSO：A Modular and Open-Source Software Project for Quantum Simulations of Materials［J］．J Phys Condens Matter，2009，21（39）：395502.

［68］Gilmer J，Samuel S，Schoenholz. Neural Message Passing for Quantum Chemistry［J］．Proc ICML，2017：1263-1272.

［69］Jain A，Ong Shyue P，Hautier G，et al. The Materials Project：A Materials Genome Approach to Accelerating Materials Innovation [J]. APL Mater，2013，1 (1)：011002.

[70] Saal J E, Kirklin S, Aykol M, et al. Materials Design and Discovery with High-Throughput Density Functional Theory [J]. JOM, 2013, 65 (11)：1501-1509.

[71] Nørskov J K. Toward Sustainable Hydrogen Production：Combining Theory and Experiment in Electrocatalysis [J]. ACS Energy Lett. 2016，1 (1)：3-8.

[72] 陈鑫，张辉．Materials Studio 和 VESTA 等软件在电化学教学中的应用 [J]．大学化学，2020，35 (9)：194-197.

[73] 贾涛，张佳媛，罗柔，等．Materials Studio 在材料模拟中的应用——以 TiO_2 晶体为例 [J]．广东化工，2019，46 (19)：34-35，68.

[74] 高耀东，任元．基于 ANSYS 的车辆结构有限元分析 [M]．北京：化学工业出版社，2021.

[75] 王田戈，胡晓迪．基于 ANSYS 的电磁场分析 [J]．内蒙古科技与经济，2020 (9)：79-80.

[76] 高耀东，郭喜平，张宝琴．ANSYS 18.2 有限元分析与应用实例 [M]．北京：电子工业出版社，2019.

[77] 郭新宇．浅谈 ANSYS 在机械设计中的应用 [J]．湖北农机化，2019 (9)：72.

[78] 毕明磊，徐汇宾，李国经．基于 ANSYS 的 V 型柱节点脚手架受力分析 [J]．四川建材，2019，45 (2)：113-114.

[79] 朱旭，霍龙，景延会，等．基于 ANSYS 软件的有限元分析 [J]．科技创新与生产力，2018 (7)：97-100.

[80] 黄玉成，马天祺，王昭，等．基于 ABAQUS 的 RV 减速器端盖连接强度有限元分析方法探讨 [J]．中国设备工程，2025 (6)：101-103.

[81] 王月茹，张欣雨．ABAQUS 软件在土木工程中的关键作用与创新应用 [A]．北京力学会第三十一届学术年会论文集 [C]．北京力学会，2025：457-459.

[82] 田飞，廖允宁，李悦，等．基于 ABAQUS 的复合材料建模与低速冲击有限元模拟 [J]．合成纤维，2025，54 (3)：72-77.

[83] 李静棣，钟建琳，李成波，等．基于 ABAQUS 的高分子材料冲裁仿真及试验研究 [J]．北京信息科技大学学报 (自然科学版)，2025，40 (1)：103-110.

[84] 管怡喆，陈英杰，黄政，等．基于 ABAQUS 的不同木结构榫卯梁柱节点抗震性能分析 [J]．四川水泥，2025 (2)：44-47.

[85] Masson-Delmotte, V. Climate Change 2021：The Physical Science Basis. " [R]. IPCC Sixth Assessment Report, Cambridge University Press, 2021.

[86] Green M A, Dunlop E D, Yoshita M, et al. Solar cell efficiency tables [J]. Progress in Photovoltaics：Research and Applications, 2023, 31 (7)：651-663.

[87] Goodenough J B, Park K S. The Li-ion rechargeable battery：A perspective [J]. Journal of the American Chemical Society, 2013, 135 (4)：1167-1176.

[88] Armand M, Tarascon J M. Building better batteries [J]. Nature, 2008, 451 (7179)：652-657.

［89］Sakintuna B，Lamari-Darkrim F，Hirscher M，et al. Metal hydride materials for solid hydrogen storage：A review ［J］. International Journal of Hydrogen Energy，2007，32 （9）：1121-1140.

［90］Hosseini S E，Wahid M A. Hydrogen production from renewable and sustainable energy resources：Promising green energy carrier for clean development ［J］. Renewable and Sustainable Energy Reviews，2016，57：850-866.

［91］Dunn B，Kamath H，Tarascon J M，et al. Electrical energy storage for the grid：A battery of choices ［J］. Science，2011，334 （6058）：928-935.

［92］Mei A，Sheng Y S，Ming Y，et al. Stabilizing perovskite solar cells to IEC61215：2016 standards with over 9，000h operational stability ［J］. Nature Energy，2023，8 （9）：1223-1232.

［93］詹伟，陈瑞强，李庚，等. 稀土新材料在新能源技术领域的应用 ［J］. 稀土，2024，45 （6）：145-154.

［94］裴瑞琳，李志野，李雨笑，等. "双碳"背景下新能源汽车电机用软磁材料发展趋势与应用现状 ［J］. 沈阳工业大学学报，2024，46 （5）：590-604.

［95］范艺彬，钱晶. 新能源材料发展的新概念 ［J］. 有色金属工程，2023，13 （10）：149.

［96］海波，于涵，魏航，等. 面向新能源的稀土催化材料研究进展 ［J］. 化学试剂，2022，44 （7）：941-951.

［97］大角泰章. 金属氢化物的性质与应用 ［M］. 北京：化学工业出版社，1990.

［98］刘华. 轻金属储氢材料的结构和电子性质的理论研究 ［D］. 北京：北京化工大学，2011.

［99］姜翠红. 具纳米结构孔道储氢材料的制备及表征 ［D］. 武汉：武汉理工大学，2007.

［100］李秀华，许红英，陈鹏. 储氢功能材料的研究进展 ［J］. 河北化工，2012，35 （4）：51-54.

［101］李袁庆，刘志远，杨松恋. 储氢材料的研究进展 ［J］. 化工管理，2013 （16）：207.

［102］宁乐，刘嘉川，鹿瑞敏，等. 多孔聚合物储氢材料研究进展 ［J］. 华侨大学学报（自然科学版），2011，32 （4）：361-363.

［103］Yoo E，Habe T，Nakamura J. Possibilities of atomic hydrogen storage by carbon nanotubes or graphite materials ［J］. Science and Technology of Advanced Materials，2005，6：615-619.

［104］Germain J，Hradil J，Frechet J M J，et al. High surface area nanoporous polymers for reversible hydrogen storage ［J］. Chem Mater，2006，18：4430-4435.

［105］Sultan O，Shaw H. Study of automotive storage of hydrogen using recyclable liquid chemical carriers ［J］. NASA STI/Recon Technical Report N，1975 （76）：33642-33645.

［106］花飞，龚朝兵，孔令健，等. 有机液体储氢材料的研究与应用 ［J］. 石油化工技术与经济，2022，38 （4）：53-56.

［107］Shi-chun M. Hydrogen storage in carbon nano-tubes modified by microwave plasma etching and Pd decoration [J]. Carbon, 2006, 44: 762-767.

[108] 朱苗. 叠杯型碳纳米管储氢机理研究 [D]. 哈尔滨: 哈尔滨工业大学, 2020.

[109] 张帆. 单壁碳纳米管储氢的量子理论模型 [J]. 当代化工, 2015, 44 (5): 1071-1073.

[110] 孙建敏. Ca、B 掺杂对石墨烯和碳纳米管储氢性能影响的第一原理研究 [D]. 重庆: 重庆师范大学, 2015.

[111] 沈超. 低温及常温下单壁碳纳米管储氢计算模拟研究 [D]. 广州: 暨南大学, 2013.

[112] 王龙刚, 何旭阳, 康田田, 等. 石墨烯对 TiZrCr 合金储氢特性的影响 [J]. 热加工工艺, 2024, 53 (23): 69-74, 80.

[113] 戴小乐, 王允辉, 黄欣. 超碱 NLi_4 团簇修饰 DHQ 石墨烯的储氢性能研究 [J]. 原子与分子物理学报, 2025, 42 (5): 101-107.

[114] 鄂锦莲, 朱学琴, 王丹娜, 等. 石墨烯含量对 Mg/MgH_2 体系储氢性能的影响 [J]. 贵州工程应用技术学院学报, 2023, 41 (3): 147-152.

[115] 汤梦瑶, 孙天一, 李佳书, 等. 石墨烯与碳纳米管氢吸附性能的分子模拟 [J]. 石油化工高等学校学报, 2022, 35 (4): 10-17.

[116] 孙天一. 石墨烯与碳纳米管储氢和分离烷烃混合物的分子模拟 [D]. 常州: 常州大学, 2022.

[117] 仲蕊. 有机液体储氢好在哪儿? [N]. 中国能源报, 2023-06-05 (009).

[118] 花飞, 龚朝兵, 孔令健, 等. 有机液体储氢材料的研究与应用 [J]. 石油化工技术与经济, 2022, 38 (4): 53-56.

[119] 邢承治, 赵明, 尚超, 等. 有机液体载氢储运技术研究进展及应用场景 [J]. 储能科学与技术, 2024, 13 (2): 643-651.

[120] WANG H. Boosting the hydrogenation activity of Pd catalysts by tuning the Pd-TiO$_2$ interface with Ti$_3$C$_2$Tx MXene [J]. ACS Catal, 2020, 10 (12): 7168-7178.

[121] 于冉, 胡晨, 郭锐利, 等. 杂多酸 $H_3PW_{12}O_{40}$ 高效催化 MgH_2 储氢 [J]. 物理化学学报, 2025, 41 (1): 64-73.

[122] 张宏淑, 梁攀, 薛颖颖, 等. 二元包合水合物储氢及促进剂作用的理论研究 [J]. 高等学校化学学报, 2024, 45 (1): 127-136.

[123] Zhang G F, Xu J Y, Sun S L, et al. Microstructure and electrochemical hydrogen storage properties of nanosized doped La$_2$Ti$_2$O$_7$ solid solutions [J]. Journal of Rare Earths, 2025, 43 (2): 354-361.

[124] Li S, Zhang L T, Wu F Y. et al. Efficient catalysis of FeNiCu-based multi-site alloys on magnesium-hydride for solid-state hydrogen storage [J]. Chinese Chemical Letters, 2025, 36 (1): 632-638.

[125] 周应广, 吕乃霞. Ba（NH$_2$BH$_3$）$_2$ 脱氢机理的理论研究 [J]. 辽宁化工, 2025, 54 (1): 67-72.

[126] 仝小刚, 马维红, 薛玉峰, 等. 氢分子在 Na$_2$Al$_6$ 团簇上的吸附和解离性能 [J]. 原子与分子物理学报, 2024, 41 (6): 52-57.

[127] 唐玉朋, 赵燕飞, 杨海英, 等. 能量最低构型 Ca$_2$B$_4$ 团簇的储氢性能 (英文) [J]. 无

机化学学报，2022，38（7）：1391-1401.

［128］马丽娟，高升启，荣祎斐，等．Sc，Ti，V 修饰 B/N 掺杂单缺陷石墨烯的储氢研究 ［J］．高等学校化学学报，2021，42（9）：2842-2851.

［129］马丽娟，韩婷，高升启，等．单缺陷对 Sc，Ti，V 修饰石墨烯的结构及储氢性能的影 响［J］．物理学报，2021，70（21）：397-406.

［130］Li T Y，Xie Z L，Zhou W J，et al. Study on the hydrogen absorption properties of a YGdTbDyHo rare-earth high-entropy alloy［J］．International Journal of Minerals，Met- allurgy and Materials，2025，32（1）：127-135.

［131］Chen Y J.，Zhang J W.，Xu C H，et al. Research progress and development tendency on storage mechanism of multi-principal element alloys for hydrogen/tritium storage［J］． Rare Metals，2024，43（11）：5549-5572.

［132］刘震，王志成，曾强，等．新型含 Ru 单晶高温合金的拉伸性能及变形机理［J］．中国 有色金属学报，2025，35（3）：891-902.

［133］钟明君，于浩，王子若，等．镍基高温合金的研究进展及发展趋势［J］．热加工工艺，2025（10）：1-9.

［134］张金钰，周泳江，张翀，等．3d 过渡金属高熵高温合金的研究进展［J］．材料热处理学 报，2025，46（2）：1-13.

［135］孙佳星．Co 基高温合金关键三元系相图测定与热力学研究［D］．北京：北京科技大 学，2025.

［136］张旭明，马庆爽，张海莲，等．新型钴基高温合金成分设计的研究进展［J］．中国材料 进展，2024，43（3）：230-237.

［137］刘俊钊，孙渊君，贾金凤，等．铁基高温合金叶片精密铸造工艺数值模拟研究［J］．机 械研究与应用，2023，36（5）：9-11，19.

［138］李龙军．合金元素对新型钴基高温合金组织及氧化行为的影响研究［D］．长沙：中南 大学，2023.

［139］王镇华，刘海洋，王瑞，等．BCC/B2 基难熔高熵合金的组织与性能研究进展［J］．金 属热处理，2025，50（4）：9-18.

［140］翟小江，司晓东．高熵合金材料的磁热效应研究进展［J］．有色设备，2025，39（2）：1-9.

［141］陈治中，尹福虎，胡泊涛，等．镁在 Zr-Ti-Mg-Ni-Mn-V-Fe 高熵合金中的原子占位及 对储氢性能的影响［J］．高等学校化学学报，2025，46（3）：150-157.

［142］赵宇敏，施麒，刘斌斌，等．难熔高熵合金粉末制备技术及应用研究综述［J］．钢铁 钒钛，2025，46（1）：141-151.

［143］姚惠文，马庆爽，余黎明，等．多相高熵合金的组织结构调控及高温性能的研究进展 ［J］．中国有色金属学报，2025，35（2）：368-394.

［144］米志杉，崔志远，毕凯强，等．基于第一性原理的 FeCrNiAl 高熵合金空位缺陷形成 研究［J］．鞍钢技术，2024（6）：1-6，16.

［145］郭克星，曹光绪，席敏敏，等．高熵合金储氢性能的研究进展［J］．天然气与石油，

2024，42（5）：114-118.

[146] 梁秀兵，万义兴，王洁，等 . 难熔高熵合金：既耐高温又高强度 [J]. 金属世界，2024（4）：1-8.

[147] 刘海洋，刘华英 . 第一性原理计算在高熵合金中的应用 [J]. 热处理技术与装备，2024，45（2）：59-65.

[148] 付金良，王梦琪，马登潘，等 . Fe$_{0.5}$CrMnAlCu 高熵合金及涂层的组织与性能 [J]. 有色金属工程，2024，14（1）：9-15.

[149] 许桐，陈庆军，郑作栋，等 . 高熵合金成分设计与性能研究进展 [J]. 材料研究与应用，2023，17（6）：1039-1050.

[150] 欧阳文恒，周佳宇，蒋德宇，等 . 基于第一性原理计算的高熵合金研究现状 [J]. 模具技术，2023（6）：14-24.

[151] 袁坤权，姜岩，刘仕超，等 . 高强韧面心立方高熵合金的设计 [J]. 稀有金属材料与工程，2023，52（11）：3981-4001.

[152] 彭超，赵勇，张芳，等 . Ti$_x$NbMoTaW 系高熵合金性能的第一性原理计算 [J]. 材料导报，2024，38（15）：245-252.

[153] 黄丽 . 高分子材料 [M]. 北京：化学工业出版社，2020.

[154] 金日光，华幼卿 . 高分子物理 [M]. 北京：化学工业出版社，2019.

[155] 李青山，张金朝 . 特种高分子材料 [M]. 北京：化学工业出版社，2020.

[156] 王国全，王秀芬 . 聚合物改性 [M]. 北京：中国轻工业出版社，2020.

[157] 王文广 . 塑料材料手册 [M]. 北京：中国轻工业出版社，2021.

[158] 吴其晔，巫静安 . 高分子材料流变学 [M]. 北京：高等教育出版社，2022.

[159] 杨玉良，胡汉杰 . 高分子物理 [M]. 北京：化学工业出版社，2021.

[160] 张留成，瞿雄伟，丁会利，等 . 高分子材料基础 [M]. 北京：化学工业出版社，2022.

[161] 张兴英，程珏，李京 . 高分子化学 [M]. 北京：化学工业出版社，2022.

[162] 周达飞，唐颂超 . 高分子材料成型加工 [M]. 北京：中国轻工业出版社，2020.

[163] SUN H. COMPASS：An ab initio force-field optimized for condensed-phase applications [J]. Journal of Physical Chemistry B，1998，102（38）：7338-7367.

[164] VAN DUIJN A C T，DASGUPTA S，LORANT F，et al. ReaxFF：A reactive force field for hydrocarbons [J]. Journal of Physical Chemistry A，2002，105（41）：9396-9408.

[165] LI H. Finite element analysis of thermal-mechanical behavior in injection molded polypropylene parts [J]. Polymer Engineering & Science，2020，60（8）：1987-1996.

[166] CHEN Y，WANG J. Multiscale modeling of viscoelasticity in thermoplastic polymers using finite element method [J]. Journal of Applied Polymer Science，2020，138（36）：e51234.

[167] HURI D，MANKOVITS T. Automotive rubber part design using machine learning [J]. IOP Conference Series：Materials Science and Engineering，2019，678（1）：012034.

[168] MARTINEZ-HERNANDEZ U，WEST G. Low-cost recognition of plastic waste using

deep learning and a multi-spectral near-infrared sensor［J］. Sensors，2021，21（4）：1323.

［169］KLOCKER F，BERNSTEINER R. A machine learning approach for automated cost estimation of plastic injection molding part［J］. Cloud Computing and Data Science，2021，3（2）：45-58.

［170］周梦雨．橡胶纳米复合材料的机械性能跨尺度分析［D］. 北京：北京化工大学，2022.

［171］袁斌．纳米颗粒填充橡胶的粗粒化分子动力学模拟及跨尺度研究［D］. 哈尔滨：哈尔滨工业大学，2022.

［172］Anish V，Logeshwari J. A review on ultra high-performance fibre-reinforced concrete［J］. Journal of Applied Science and Engineering，2022，25（3）：201-215.

［173］Namdar A，Zakaria I. Flexural strength enhancement of concrete by small steel fibers［J］. Fracture and Structural Integrity，2018，42（3）：112-125.

［174］马骁．基于无机聚合物水泥的新型高性能轻骨料混凝土的制备与性能研究［D］. 长沙：中南大学，2012.

［175］石建光．再生骨料对混凝土性能影响的试验研究和计算分析［D］. 上海：上海大学，2012.

［176］梁磊．无机聚合物发泡混凝土制备及性能研究［D］. 沈阳：沈阳建筑大学，2014.

［177］李杰．混凝土细观力学与多尺度模拟［D］. 上海：同济大学，2006.

［178］Zhang X. Multiscale modeling of chloride ion transport in cementitious materials［D］. Evanston：Northwestern University，2018.

［179］王强．基于机器学习的混凝土配合比优化设计［D］. 哈尔滨：哈尔滨工业大学，2020.

［180］陈静．混凝土损伤塑性模型参数敏感性分析［D］. 南京：东南大学，2019.

［181］中华人民共和国国家质量监督检验检疫总局，中国国家标准化管理委员会．建设用砂：GB/T 14684-2022［S］. 北京：中国标准出版社，2022.

［182］中华人民共和国国家质量监督检验检疫总局，中国国家标准化管理委员会．通用硅酸盐水泥：GB 175-2007［S］. 北京：中国标准出版社，2007.

［183］陆新征．高性能混凝土多尺度模拟与工程应用［C］，全国混凝土结构基本理论及工程应用学术会议论文集．北京：中国建筑工业出版社，2021.

［184］Li X. Digital twin-driven optimization of concrete mix design［C］，Proceedings of the International Conference on Smart Infrastructure and Construction. Cambridge：Cambridge University Press，2022.

［185］吴中伟，廉慧珍．高性能混凝土［M］. 北京：中国铁道出版社，1999.

［186］孙伟．现代混凝土材料科学与工程［M］. 北京：化学工业出版社，2012.

［187］中华人民共和国国家市场监督管理总局，中国国家标准化管理委员会．碳素结构钢（GB/T 700-2020）［S］. 北京：中国标准出版社，2020.

［188］中华人民共和国国家市场监督管理总局，中国国家标准化管理委员会．低合金高强度结构钢（GB/T 1591-2018）［S］. 北京：中国标准出版社，2018.

［189］Li，G. Q. ，et al. Experimental study on mechanical properties of Q690 steel after high-temperature exposure ［J］. Journal of Building Structures，2017，38（6），1-10.

［190］李明．高强钢焊接接头微观组织与力学性能的多尺度模拟研究 ［D］. 北京：清华大学，2020.